La Mine d'Or et d'Antimoine de La Lucette

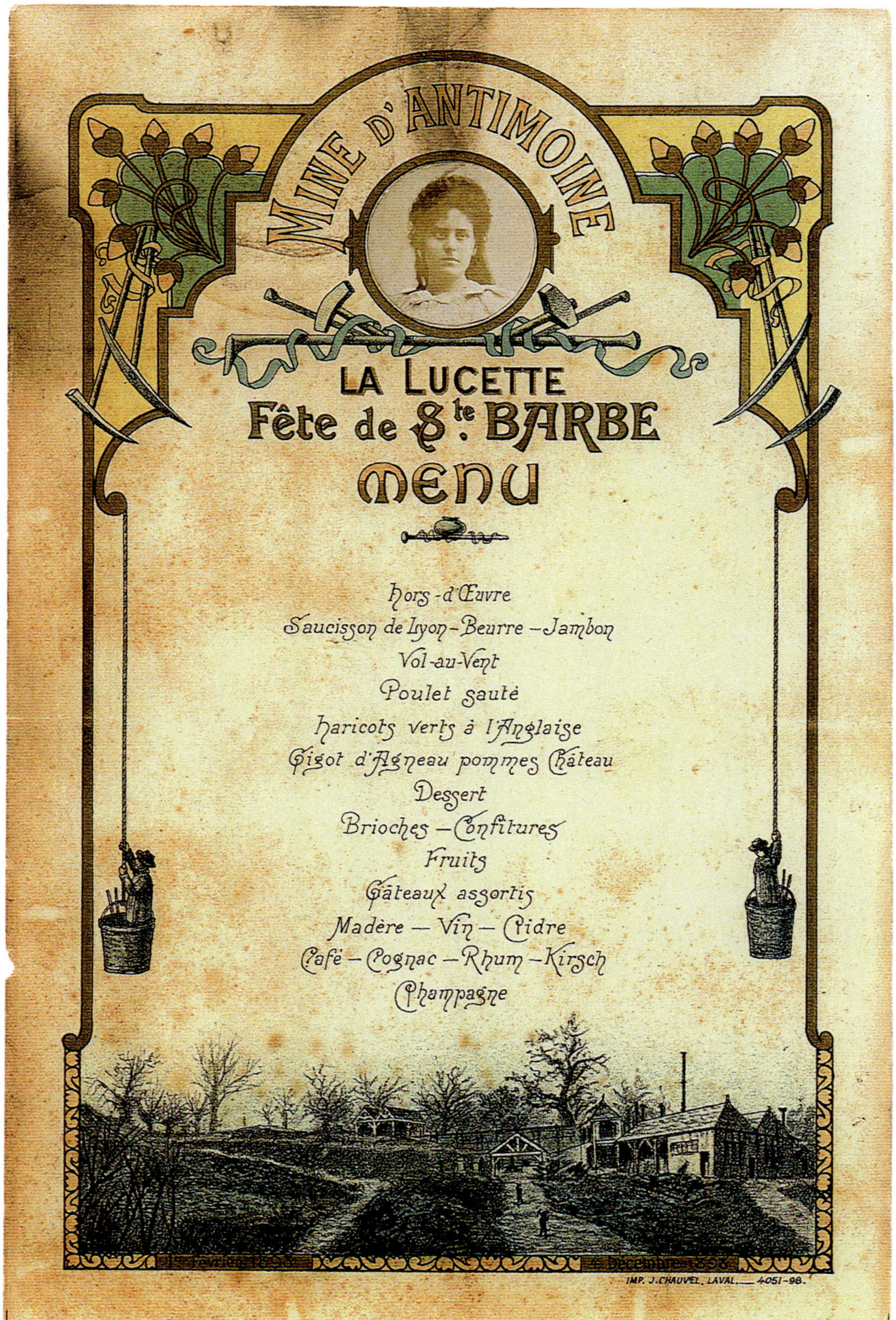

MINE D'ANTIMOINE

LA LUCETTE

Fête de Ste BARBE

MENU

Hors-d'Œuvre

Saucisson de Lyon – Beurre – Jambon

Vol-au-Vent

Poulet sauté

Haricots verts à l'Anglaise

Gigot d'Agneau pommes Château

Dessert

Brioches – Confitures

Fruits

Gâteaux assortis

Madère – Vin – Cidre

Café – Cognac – Rhum – Kirsch

Champagne

1er Février 1898 — 4 Décembre 1898

IMP. J. CHAUVEL, LAVAL. — 4051-98.

Menu du premier repas de Sainte Barbe organisé par la Société des Mines de La Lucette pour son personnel en décembre 1898. En médaillon, le portrait de Lucette

Pierre-Christian GUIOLLARD

La Mine d'Or et d'Antimoine de La Lucette

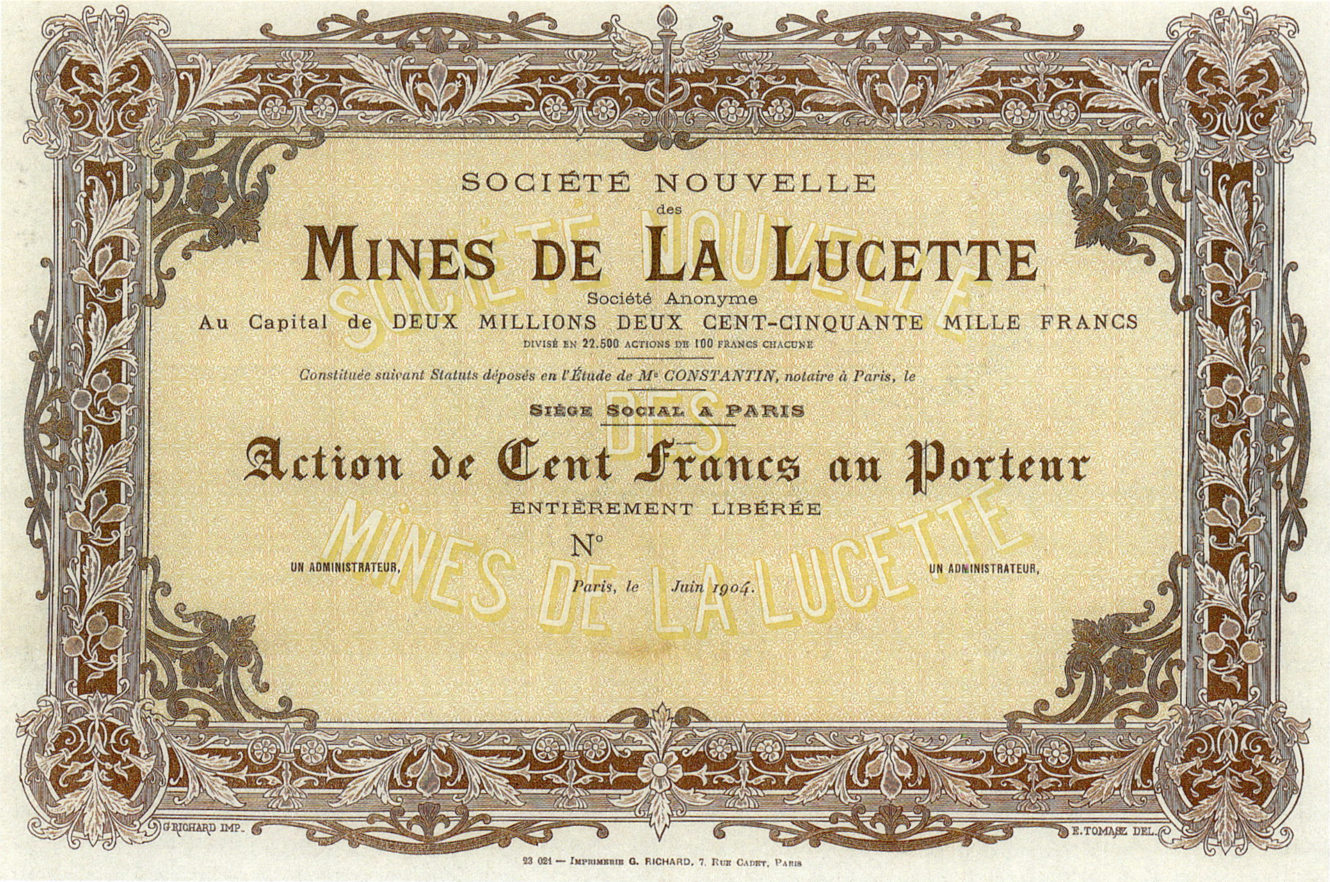

SOCIÉTÉ NOUVELLE
des
MINES DE LA LUCETTE
Société Anonyme
Au Capital de DEUX MILLIONS DEUX CENT-CINQUANTE MILLE FRANCS
DIVISÉ EN 22.500 ACTIONS DE 100 FRANCS CHACUNE

Constituée suivant Statuts déposés en l'Étude de Me CONSTANTIN, notaire à Paris, le

SIÈGE SOCIAL A PARIS

Action de Cent Francs au Porteur
ENTIÈREMENT LIBÉRÉE

N°

UN ADMINISTRATEUR, UN ADMINISTRATEUR,

Paris, le Juin 1904.

SOCIÉTÉ NOUVELLE DES MINES DE LA LUCETTE

G. RICHARD IMP. E. TOMASZ DEL.

23 021 — IMPRIMERIE G. RICHARD, 7, RUE CADET, PARIS

Préface

Cet ouvrage a une histoire à laquelle Mines de La Lucette a été particulièrement heureuse de s'associer.

En 1990, P.-C. Guiollard décidait de réaliser une série de monographies sur les mines d'or françaises et dès l'année suivante commençait des recherches sur la mine de La Lucette notamment à partir des témoignages conservés par notre société.

A l'automne 1994, l'Ecole des Mines de Paris, qui souhaitait renouveler l'intérêt du public pour les collections remarquables de son musée de minéralogie, formulait le projet de consacrer à la mi-95 une première exposition thématique au gisement d'antimoine et d'or du Genest St-Isle (Mayenne) point de départ de la société.

Là aussi, Mines de La Lucette adhérait à cette initiative et apportait son concours en ouvrant ses archives. On ne pouvait qu'être conquis à l'idée de faire revivre l'histoire de la mine de La Lucette en contrepoint de cette fabuleuse collection de cristaux.

Cette initiative allait rapidement dépasser les espoirs de ses promoteurs : documents et souvenirs de toutes sortes conservés un peu partout et en particulier par les habitants de la région, affluaient. Ils permettaient d'illustrer de manière appropriée et souvent touchante cette aventure minière et l'histoire des hommes qui l'avaient rendue possible.

P.-C. Guiollard apportait sa collaboration sous la forme d'un fonds documentaire et iconographique de grande qualité, fruit de son remarquable travail de recherche et d'inventaire conduit jusqu'alors. Il décidait de saisir l'opportunité de cette exposition pour mettre la dernière main à sa monographie des Mines de La Lucette et la publier sous la forme du présent ouvrage.

Cette initiative est particulièrement heureuse à un moment où le public manifeste un intérêt croissant pour l'histoire industrielle de notre pays et les traces issues de son passé. Dans le cas précis des Mines de La Lucette, cette attente devrait être amplement satisfaite puisqu'un projet semble peu à peu prendre corps dans la commune de Genest Saint-Isle : la création d'un écomusée destiné à accueillir de manière pérenne les pièces et documents réunis à l'occasion de l'exposition de l'Ecole des Mines.

A sa façon, ce nouvel ouvrage de P.-C. Guiollard répare une certaine injustice à l'égard des mines françaises : à l'exception de celles de charbon et de fer, elles sont généralement méconnues alors qu'elles ont constitué une base significative de l'essor industriel français et de l'activité économique dans des régions souvent rurales et excentrées par rapport aux bassins d'emploi traditionnels. Il suffit de relever au fil des pages la localisation des nombreux gisements exploités par Mines de La Lucette du temps où la société avait encore une activité minière.

De nos jours, la société est toujours active et continue à compter parmi les opérateurs de référence dans le secteur de l'antimoine. L'approche du centenaire de l'ouverture de sa mine d'antimoine offre l'occasion de montrer comment elle a su évoluer et s'adapter tant à la fermeture de ses gisements qu'aux profonds changements du marché : l'activité minière et métallurgique a progressivement été relayée par une activité chimique tournée vers les spécialités et les additifs ignifugeants. Elle repose toujours sur l'antimoine des origines mais la société s'apprête à développer de nouveaux systèmes ignifugeants prometteurs à base de magnésium, et donc à dépasser sa monoculture "antimoine" traditionnelle.

Enfin, la perspective de cette monographie a suscité auprès des personnels de la société un intérêt qui mérite réflexion. Outre l'attachement qu'il exprime pour leur entreprise, il montre que la relation de son passé répare une lacune dans cette société dotée d'une histoire aussi riche et qui jusqu'à présent n'était attestée et véhiculée que verbalement.

Plus profondément, cette attente traduit sans doute, dans un monde en perpétuelle évolution, le besoin de conserver ses marques et de se doter de repères : peut-on en imaginer de meilleur que le souci constant de bien faire son métier qui caractérise à chacune de ces pages le comportement de Mines de La Lucette et de ses personnels tout au long de leur histoire ?

Yves HOREL
Président-Directeur Général
de la Société Mines de La Lucette

Bannière de la Société des Mines de La Lucette

L'or et l'antimoine en France

L'OR

Les premiers vestiges, actuellement connus, de l'exploitation minière des filons aurifères en France datent de l'époque gauloise (400 ans avant J.-C.), des découvertes archéologiques récentes faites dans la région de Saint-Yrieix-la-Perche (Haute-Vienne) nous en apporte la certitude. Les restes de travaux antiques ont également été découverts dans le Puy-de-Dôme, le Maine-et-Loire, en Mayenne (près de Château-Gontier) et dans les Pyrénées-Atlantiques.

Cette activité minière semble s'être prolongée jusqu'à la fin de l'Empire Romain, période à laquelle elle paraît s'éteindre.

Pendant le Moyen Age la recherche de l'or dans les sables des rivières s'est poursuivie activement jusqu'au 18ème siècle, en particulier le long des rivières des Pyrénées, du Limousin, des Cévennes, de Savoie, le long du Rhône et du Rhin.

Il fallut ensuite attendre 1776 pour entendre parler de mines d'or en France avec la découverte du gisement de la Gardette (Isère) qui fit l'objet de quelques travaux jusqu'en 1788.

En 1847, des travaux de recherche furent entrepris sur un petit gisement à Pontvieux (Puy-de-Dôme) mais c'est seulement en 1903, avec la découverte de l'or dans les minerais de la mine de La Lucette, que commença la grande histoire des mines d'or françaises.

Cette découverte de l'or en Mayenne ainsi que la mise au point du traitement par cyanuration permettant de traiter certains minerais d'or complexes, provoquèrent un regain d'intérêt pour la prospection des gisements aurifères. Les recherches portèrent principalement sur le Massif armoricain, le Limousin, la Marche, la Montagne Noire et les Cévennes et aboutirent à la mise en exploitation de plusieurs gisements importants :

- 1905 : La Bellière (Maine-et-Loire), Le Châtelet (Creuse),
- 1908 : Salsigne (Aude),
- 1921 à 1928 : Chéni, Nouzilléras, Beaune, la Fagassière (Haute-Vienne).

A partir de 1935, la production d'or diminua progressivement jusqu'en 1955 date à laquelle seule subsistait encore la mine de Salsigne.

En 1975, la hausse brutale des cours de l'or provoqua une relance de cette industrie qui aboutit en 1982 à la mise en exploitation de nouveaux gisements au Bourneix près de Saint-Yrieix-la-Perche (Haute-Vienne), en 1989 à Rouez (Sarthe) et à la modernisation de la mine de Salsigne (Aude).

En 1995, l'ensemble des trois mines de France métropolitaine (Salsigne, Le Bourneix et Rouez) ont un potentiel de production de l'ordre de 4 500 kg d'or par an.

L'OR ET L'ANTIMOINE EN FRANCE

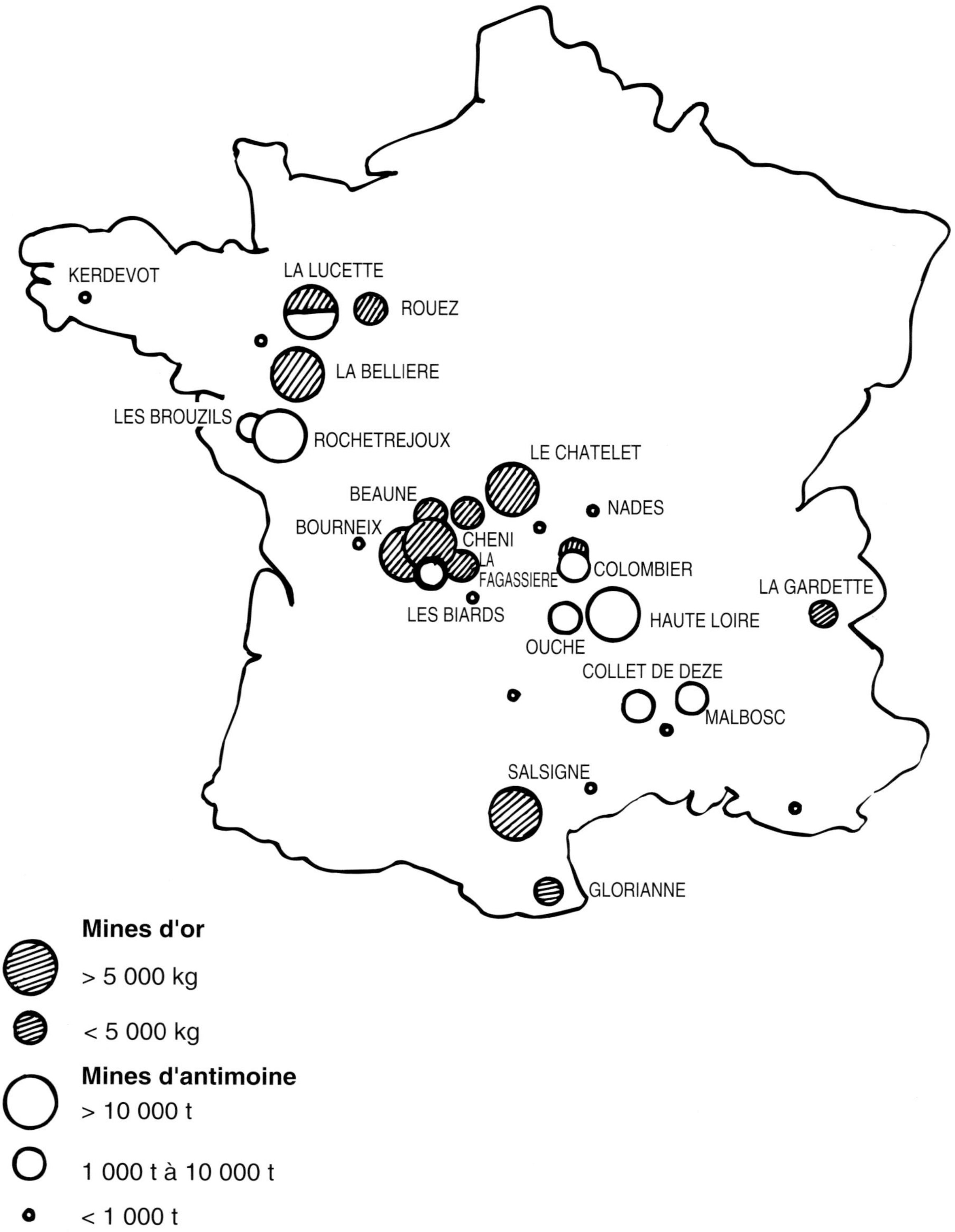

L'ANTIMOINE

Comme l'or, l'antimoine auvergnat fut certainement exploité sous l'antiquité comme le prouvent des vestiges romains retrouvés dans les anciennes galeries de la mine d'Ally près de Brioude (Haute-Loire).

A partir du 15ème et 16ème siècles, la stibine fut activement exploitée dans la région de Brioude (Haute-Loire) et Massiac (Cantal). A la fin du 19ème siècle six fonderies d'antimoine fonctionnaient dans cette région dont celle d'Emmanuel Chatillon au Babory de Blesle. C'est en 1888 que ce célèbre fondeur mit au point une nouvelle technique de réduction, appelée méthode auvergnate. Ce nouveau traitement métallurgique permettait d'exploiter les minerais à faible teneur.

En 1898, lorsque fut découvert le gisement d'antimoine de La Lucette, les mines de Haute-Loire et du Cantal produisirent près de 800 tonnes d'antimoine par an, soit 80 % de la production française. Le reste était produit par les mines de Malbosc en Ardèche, de Méria en Corse et du Collet de Dèze en Lozère.

En 1903 les mines du Massif Central furent rapidement dépassées par la mine de La Lucette qui, grâce à la richesse extraordinaire du filon Georges occupa jusqu'en 1912 le premier rang des producteurs français mais aussi le premier rang mondial. En 1908, la Société des Mines de La Lucette assurait à elle seule le quart de la production mondiale d'antimoine.

A partir de 1908, un gisement important était mis en exploitation à Rochetréjoux en Vendée, après l'épuisement du filon Georges des mines de La Lucette, la mine de Rochetréjoux occupa la première place des producteurs français jusqu'en 1917.

Pendant la guerre de 1914, mettant à profit la hausse des cours de l'antimoine, quelques petits gisements furent exploités à Nades (Allier), Kerdevot (Finistère), Mérinchal (Creuse)... La paix revenue et la production massive de minerai chinois déversée sur le marché international, provoquèrent à nouveau une baisse des cours qui provoqua de grosses difficultés dans les mines françaises, en 1934, avec la fermeture de la mine de La Lucette s'éteignait l'industrie minière française de l'antimoine.

Quelques reprises sans grand succès furent tentées dans les années 40 en Lozère et dans le Cantal puis dans les années 60, à nouveau dans le Cantal, sur le gisement de Ouche près de Massiac.

Dans les années 80 le gisement Des Brouzils en Vendée fut découvert par le BRGM et mis en exploitation, mais là encore, une fois de plus, la baisse des cours de l'antimoine provoqua la fermeture de cette exploitation.

En 1995, en France, il n'existe plus de mines d'antimoine en exploitation, seule la fonderie des Mines de La Lucette maintient et développe ses activités et ses productions en utilisant des minerais importés.

Usages de l'antimoine

1. Sous forme métallique

- Alliages blancs antifriction
- Alliages d'imprimerie
- Alliages avec l'étain pour la poterie et les couverts
- Alliages avec le plomb pour les accumulateurs

2. Sous forme non métallique

- Emaillage et céramique (oxyde, sulfure, antimoine et soude)
- Verrerie (métal, sulfure, oxyde)
- Pyrotechnie (métal, sulfure)
- Ignifugation et imperméabilisation (oxyde)
- Vulcanisation du caoutchouc (soufre doré)
- Peinture (oxyde, sulfure)
- Bronzage des cartons et aciers (sulfure, chlorure)
- Papeterie
- Encres (oxyde)
- Pharmacie (chlorure, oxychlorures, sulfure, oxysulfure, tartrate)
- Teinture des tissus

Quelques usages pharmaceutiques de l'antimoine (extraits d'un manuel de chimie daté de 1902) :

• *Le kermès (mélange de sulfure et oxysulfure d'antimoine) est une poudre marron, inodore et insipide, il est employé comme expectorant à la dose de 5 à 50 centigrammes dans le cas de catharre bronchique aiguë ou de la pneumonie.*

• *L'émétique, ou tartre stibié (tartrate double d'antimoine et de potassium). C'est une substance toxique et redoutable qui peut produire un collapsus grave consécutif aux vomissements et dû à la diminution de la pression sanguine et à l'affaiblissement du cœur. Il peut aussi provoquer une gastro-entérite (ou choléra antimonial) qui n'est que rarement mortel si elle ne se complique pas de paralysie cardiaque.*

Sur la peau le tartrate stibié produit une irritation, des phlyctènes pouvant s'ulcérer, et, sur les muqueuses, une inflammation pustuleuse telle que si le médicament ne peut être ingéré en une fois, il faut le faire prendre en pilules.

L'émétique doit donc être prescrit dans des cas bien nets. Il est proscrit de la thérapeutique des vieillards, des enfants et des adultes affaiblis ou dont le cœur est suspect.

Il est employé avec succès dans la pneumonie parce que la dépression vasculaire qu'il provoque après les vomissements modère l'irritation sanguine du poumon.

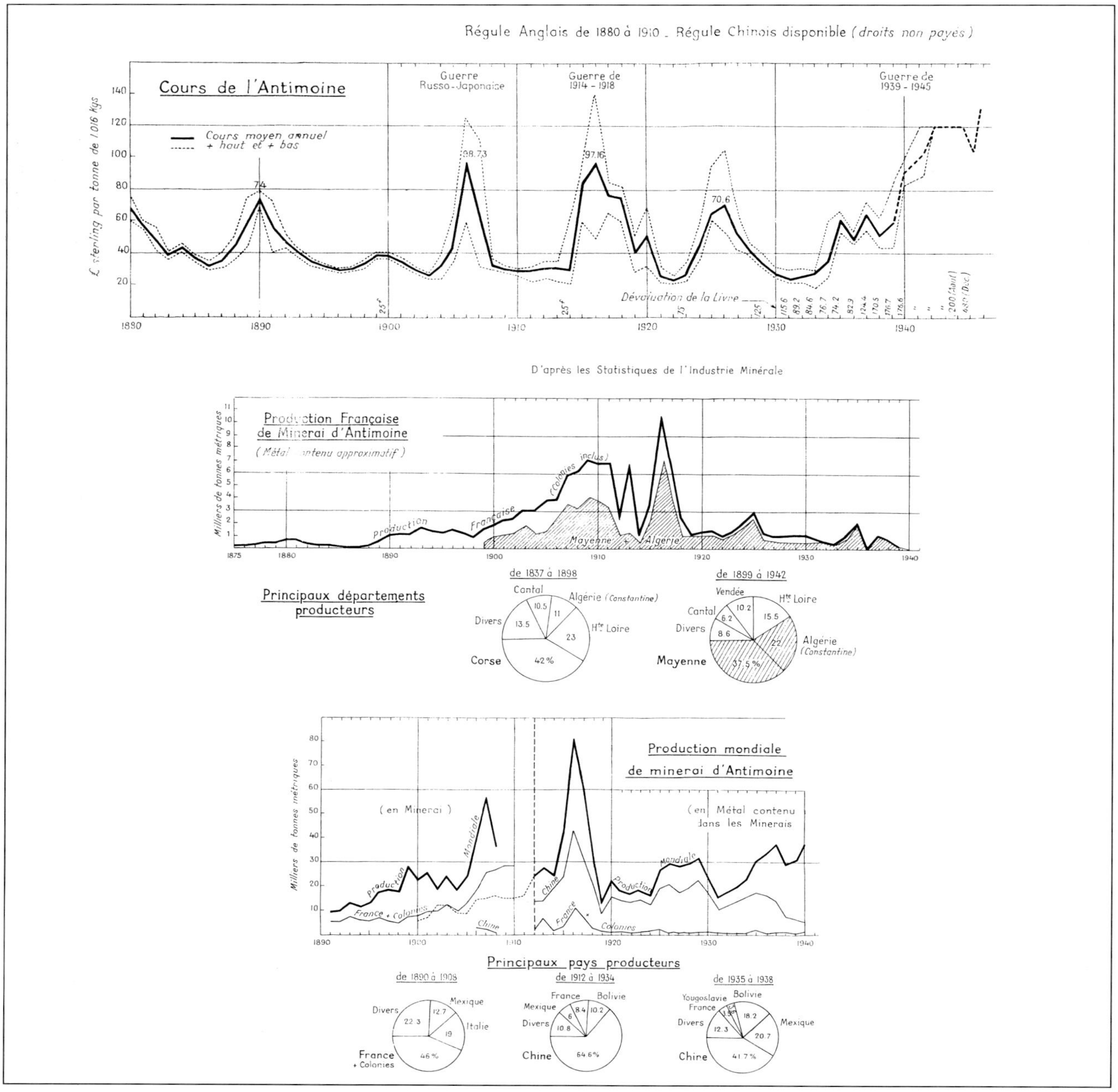

PRODUCTION DES MINES D'OR FRANÇAISES AU VINGTIÈME SIÈCLE

DÉPARTEMENT	MINE	PRODUCTION	PÉRIODE D'ACTIVITÉ
Aude	District de Salsigne	env. 95 000 kg	1906 à 1995
Creuse	Mine du Châtelet	10 973 kg	1905 à 1955
Creuse	Mine de la Petite-Faye	321 kg	1957 à 1962
Maine-et-Loire	Mine de la Bellière	10 400 kg	1905 à 1952
Mayenne	**Mine de La Lucette**	**8 700 kg**	**1905 à 1934**
Sarthe	Mine de Rouez	2 700 kg	1989 à 1995
Haute-Vienne	Mine de Chéni	7 500 kg	1921 à 1944
Haute-Vienne	Sté des Mines du Bourneix	13 000 kg	1982 à 1995
Haute-Vienne	Mine de la Fagassière	575 kg	1928 à 1945
Haute-Vienne	Mine de Beaune	288 kg	1924 à 1931
Haute-Vienne	Mine de Nouzilléras	135 kg	1921 à 1931
Haute-Vienne	Mine de Champvert	75 kg	1928 à 1930
TOTAL		**150 467 kg**	

PRODUCTION FRANÇAISE D'ANTIMOINE DE 1837 À 1942

(Statistiques de l'Industrie Minérale)

MINES	FONDERIES	TENEUR MINERAI	METAL CONTENU (mines)	PRODUITS FINIS METAL FONDU (fonderies)
Aisne	Chauny			2 500 t
Allier - Nades		**20 %**	**735 t**	**136 t**
Ardèche - Malbosc	Abeau	?	1 063 t	690 t
Aude - Las Corbos	Carcassonne	?	91 t	65 t
Aveyron - Villefranche		?	419 t	
Bouches-du-Rhône	L'Estaque			350 t
Cantal - Ouche	Massiac	?	8 300 t	8 100 t
Charente - Etagnac		?	164 t	
Corrèze - Naves, Chanac		25 %	380 t	7 t
Corse - Ersa, Méria		35 %	9 960 t	200 t
Creuse - Mérinchal		25 %	900 t	7 t
Finistère Kerdevot		**30 %**	**184 t**	
Gard - Fraissinet	La Loubière	?	113 t	4 040 t
Haute Loire - Fraisse	Brioude	20 %	21 800 t	40 500 t
Haute Loire - Chazelles	Blesle	?	?	?
Haute Loire - Freycinet		?	?	?
Haute Vienne - Les Biards	**Glandon**	**35 %**	**1 070 t**	**180 t**
Hérault		20 %	385 t	
Ille et Vilaine - Le Semnon		?	25 t	
Lozère - Collet de Dèze	Pont de Servière	15 %	2 570 t	870 t
Mayenne - La Lucette	**La Lucette**	**30 %**	**42 000 t**	**52 750 t**
Puy-de-Dôme - Colombier	**Anglebas**	**20 %**	**2 063 t**	**2 055 t**
Var - Valcros		12 %	192 t	
Vendée - Rochetréjoux	Rochetréjoux	25 %	11 680 t	7 200 t
TOTAL France Métropolitaine			104 091 t	119 650 t
TOTAL Société des Mines de La Lucette			**46 052 t** (44,24 %)	**55 121 t** (45,06 %)

Situation géographique

La mine de La Lucette est située dans le département de la Mayenne, sur la commune du Genest Saint-Isle, à une vingtaine de kilomètres à l'ouest de Laval.

La concession de La Lucette accordée en 1898 pour antimoine et métaux connexes couvre une superficie de 841 hectares, elle s'étend sur les communes de Saint-Berthevin, Olivet, La Brulatte et le Genest Saint-Isle.

Cette concession est toujours propriété de la Société des Mines de La Lucette dont la fonderie et l'usine fonctionnent encore de nos jours.

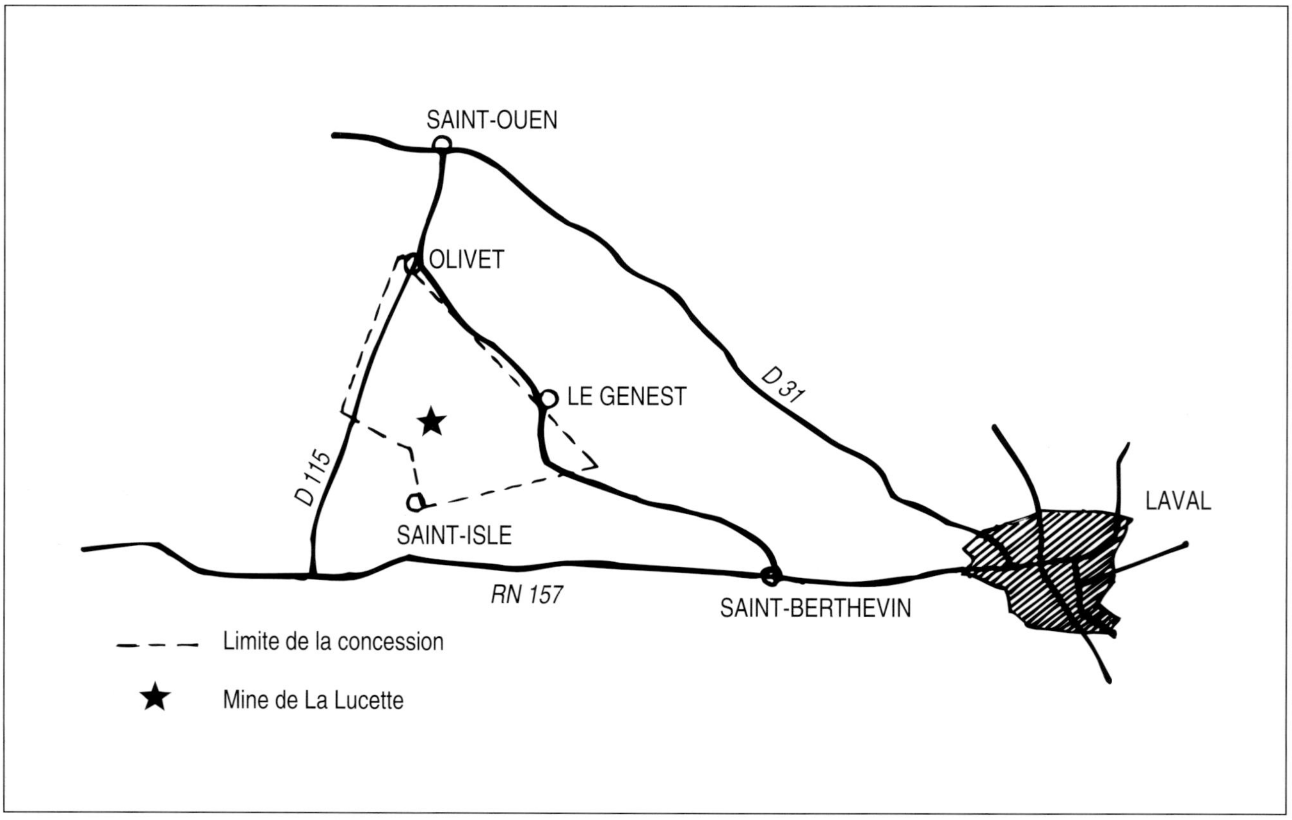

Préambule historique

L'histoire de la Société des Mines de La Lucette se compose de cinq grandes périodes :

1891-1898

Découverte du gisement d'antimoine par Messieurs Masure et Béasse, recherches (vaines) d'un industriel susceptible d'être intéressé par l'exploitation du gisement.

1898-1904

Société Anonyme des Mines de La Lucette, démarrage difficile de l'exploitation sous la direction de Henri Herrenschmidt, mise au point d'une première usine de traitement des minerais. Monsieur Theuriot prend la direction de l'exploitation en 1901 remplacé en 1902 par Monsieur Normandin. En 1903, au moment où la société est en grande difficulté intervient la découverte de l'or qui redonne un nouvel essor aux mines de La Lucette.

1904-1913

La Société Nouvelle des Mines de La Lucette est créée, c'est une période particulièrement prospère liée à la richesse exceptionnelle en or et antimoine du filon Georges. Une nouvelle usine est construite, en 1908 les mines de La Lucette fournissent le quart de la consommation mondiale en produits antimonieux. A partir de 1912, le filon s'épuise et l'activité minière au Genest s'arrête en 1913. L'activité de l'usine et de la fonderie est maintenue approvisionnée avec les minerais étrangers.

1913-1934

Août 1914, la guerre interrompt totalement les activités de la société. L'usine et la mine redémarrent en 1915 à la faveur des demandes militaires. Après la guerre, l'activité minière se poursuivra grâce à la découverte d'un nouveau filon, le filon Wilson qui assurera l'essentiel de la production jusqu'en 1934. 1934 marque la fin de l'histoire minière du Genest.

1934 à nos jours

L'activité minière et industrielle de la Société Nouvelle des Mines de La Lucette se poursuit, jusqu'en 1960 la société exploite par l'intermédiaire de ses filiales différents gisements d'antimoine en Algérie et ailleurs. Aujourd'hui l'usine du Genest continue de se développer et diversifie ses productions.

Géologie et minéralogie du gisement

(d'après R. Serment)

CADRE GÉOLOGIQUE

Le gisement de La Lucette se situe dans le bassin de Laval, terminaison orientale d'une des structures majeures du domaine centro-armoricain, le grand synclinorium de Chateaulin-Laval. Le bassin de Laval s'ouvre largement vers l'est. Les formations de base : grès armoricains au nord (Arenig), grès de Saint-Germain-sur-Ile (Ordovicien supérieur), reposent sur des assises soit granitiques (granite de Mayenne) au nord, soit schisteuses et d'âge précambrien au nord et au sud.

Le champ filonien de La Lucette est situé dans un anticlinal de grès culminants, appelé Anticlinal de Misedon, cœur d'une structure nord-ouest-sud-est séparant le bassin stéphanien de Saint-Pierre-la-Cour du bassin namurien de Laval.

Le pli anticlinal forme un dôme allongé de 4 km de long dont la ligne de faîte orientée est-sud-est-ouest-nord-ouest de La Lucette au hameau de Clermont devient sud-est-nord-ouest à l'ouest de ce hameau. Les travaux miniers ont permis de se rendre compte qu'il s'agit d'un anticlinal déversé vers le nord et même vraisemblablement faillé dans sa partie orientale. Le pendage moyen du flanc sud serait de 35°S, celui du flanc nord de 70°S.

Cet anticlinal à noyau gréseux (S3 - "Grès culminants"), surmonté par une alternance de bancs gréseux et de schistes durs appelés localement Wilsoniens par les mineurs, est enchâssé dans une formation de schistes ampéliteux d'âge fin silurien, début dévonien. Au-dessus les grès blancs à Platyorthis Monieri de la base du Dévonien Inférieur forment une crête dans la topographie et servent de niveau repère.

Localement, dans le sens ouest-est en suivant la ligne de faîte, les formations gréseuses (S3) et schisto-gréseuses du Wilsonnien s'ennoyent sous les schistes ampéliteux à l'est de la route d'Olivet, au niveau de l'ancienne carrière de Rousseigne, pour réapparaître, en un petit dôme, au niveau de l'ancien puits Georges. Cette réapparition peut être due soit à une flexure de l'anticlinal gréseux, soit à une faille.

A l'est du filon Georges, la retombée orientale de ce dôme auxiliaire s'ennoye rapidement sous les ampélites sus-jacentes.

LA MINÉRALISATION

Les filons présentent, d'après H. Douxami, une structure en "chapelet", avec une puissance variant de

Carte géologique

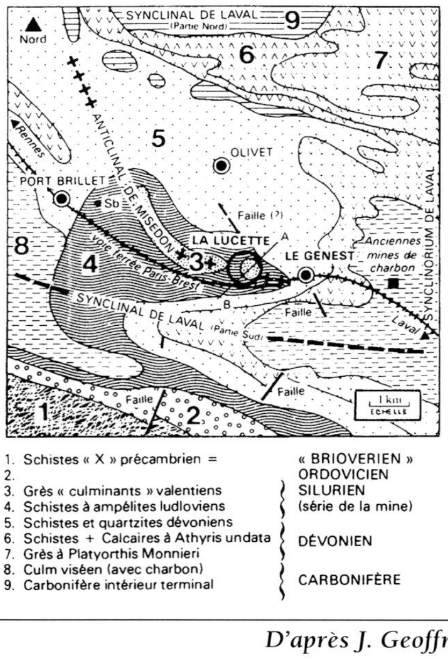

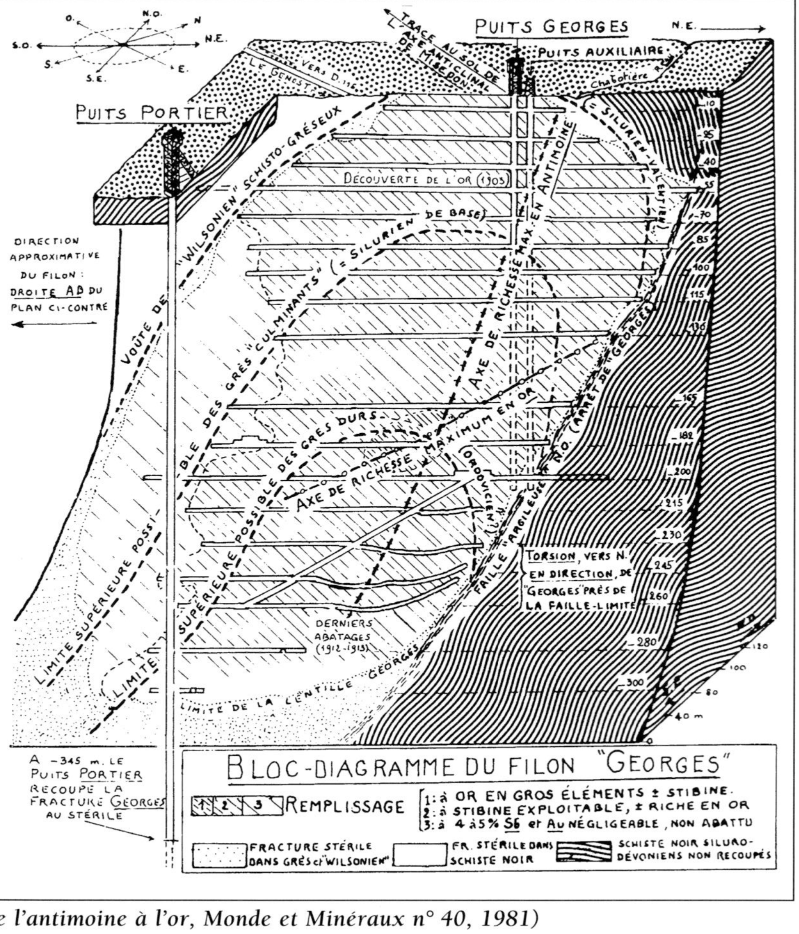

D'après J. Geoffroy (de l'antimoine à l'or, Monde et Minéraux n° 40, 1981)

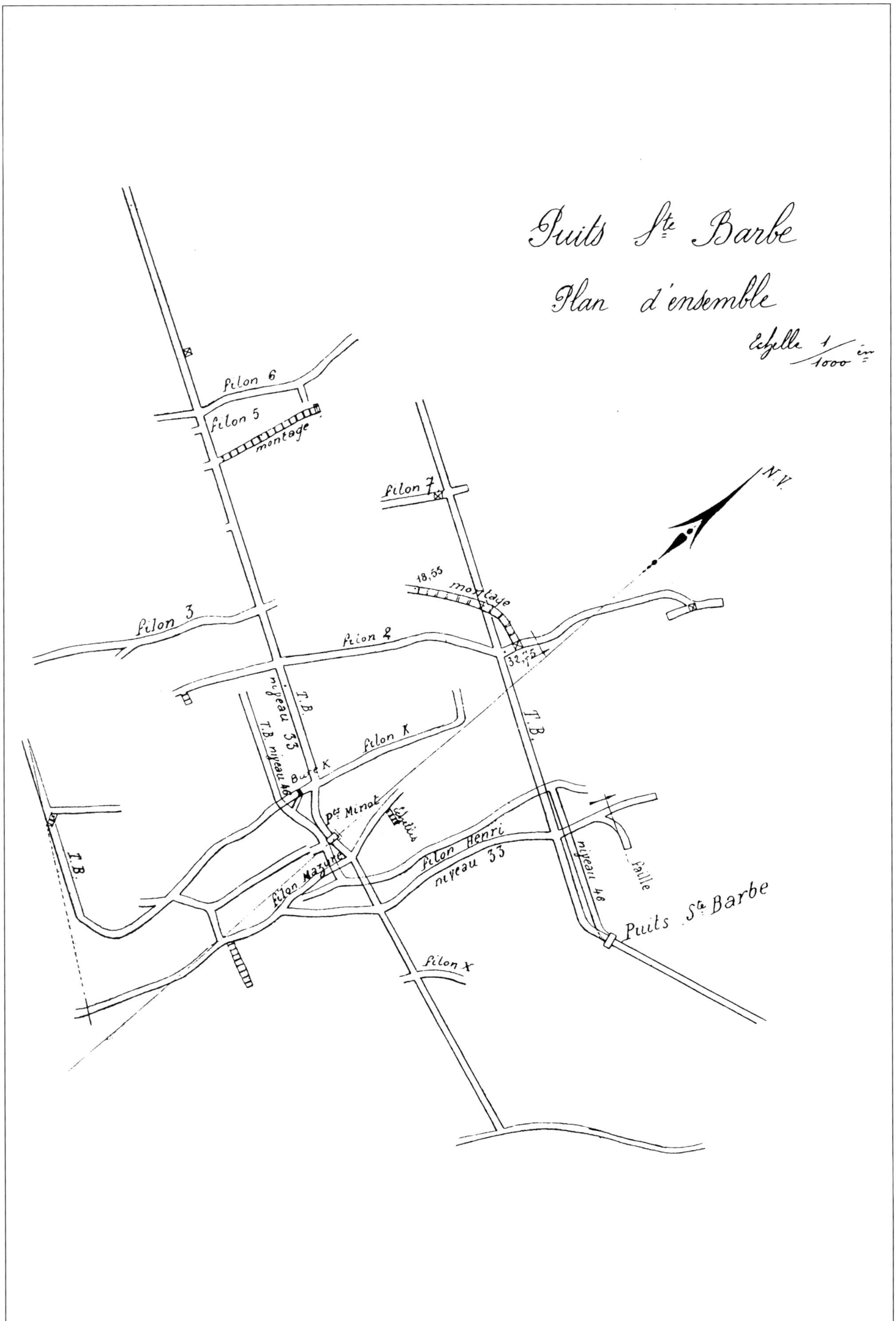
Puits Ste Barbe
Plan d'ensemble
Echelle 1/1000 em
filon 6
filon 5
montage
filon 7
N.V.
18,55
montage
filon 3
filon 2
32,75
T.B.
niveau 33
T.B. niveau 46
filon X
Bure X
Pts Minot
Echelles
filon Henri
niveau 33
filon Mazure
niveau 46
faille
Puits Ste Barbe
T.B.
filon X

0,15 m à 0,20 m dans les parties les moins épaisses, à 0,80 m dans les parties moyennes pour atteindre un maximum de 3 m dans les parties les plus larges.

La minéralisation est essentiellement formée de mispickel, stibine et or libre au sein d'une gangue quartzeuse.

Pour les minéraux métalliques, on observe la zonalité suivante, des épontes vers le centre du filon :

- à proximité immédiate des épontes, enrichissement en mispickel sur une puissance variable ;
- zone quartzeuse contenant des petites plages de blende mielleuse très claire ;
- zone principalement au centre moulant les quartz aux formes cristallines.

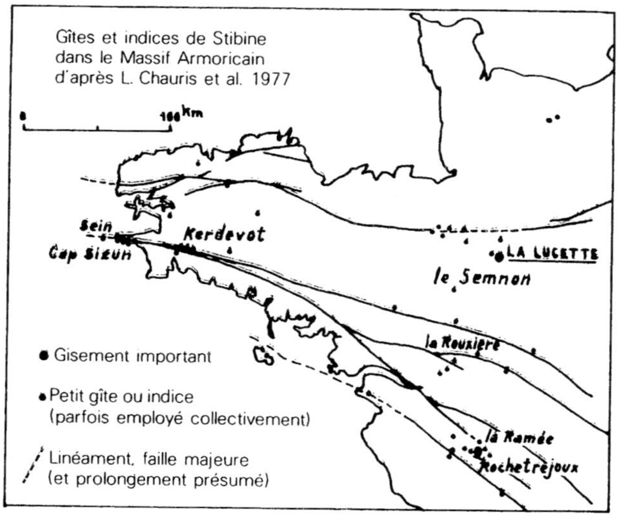

PRINCIPAUX MINÉRAUX RENCONTRÉS

• La *stibine* : elle se présente soit disséminée dans le quartz en fines mouches, soit le plus souvent, en masses lamellaires considérables rarement rencontrées dans les mines d'antimoine.

On trouve également des aiguilles plus fines ou des cristaux prismatiques de grandes dimensions.

• Le *mispickel* : parfois abondant est toujours sous forme de petits cristaux automorphes de couleur gris acier. Parfois un peu d'or libre est collé à la surface.

• La *pyrite* : forme de petites plages légèrement postérieures, semble-t-il, au mispickel, dont elle constitue souvent un enduit.

• La *blende* : de couleur mielleuse est disséminée dans le quartz.

• L'*or* : se présente sous forme de grains généralement très fins situés dans la gangue quartzeuse ou collés à la surface des cristaux de mispickel.

La teneur en or est d'autant plus forte que la teneur en antimoine est faible. Cette teneur est liée au quartz et au mispickel, mais elle est malgré tout, irrégulièrement répartie.

Les zones les plus riches en or forment une colonne minéralisée dont l'axe plongeant vers le sud fait un angle de 25° avec l'horizontale. Ces zones se situent entre les niveaux 150 et 250 sur la bordure sud de la lentille.

Selon Bellanger, des pépites de 3 cm et plus n'étaient pas rares. D'après le directeur, Monsieur Douxami, il fut trouvé des morceaux de 200 à 400 g d'or pur, le plus volumineux d'entre eux pesait 980 g dont 960 g d'or fin.

Notons que le tellurure d'or a été signalé au début du siècle dans le minerai du filon Georges mais n'a jamais été formellement identifié depuis même aux examens microscopiques. Il se présente en petits grains parfois à peine visibles à l'œil nu, au milieu des zones riches en mispickel.

GANGUES

• Le *quartz* : c'est la gangue principale, il présente des aspects variés, toujours blanc, parfois légèrement sombre en raison des imprégnations de mispickel. Les quartz bien cristallisés ou très blancs sont rarement aurifères.

• La *calcite* a également été signalée, peu abondante elle peut être d'origine naturelle ou produite par des dépôts secondaires.

• L'*ankérite* est parfois présente en petits cristaux associés au quartz et en filonnets au voisinage des grès.

TENEUR MOYENNE DES DIFFÉRENTS PRODUITS DE LA MINE

	Sb %	As %	Or g/t
Minerai n° 1	50 à 60	0,05	20
Minerai n° 2	20	0,09	30
Quartz aurifère	-	-	15 à 25
Schlamms de laverie	15	0,06	2
Concentrés aurifères	15	1,50	250
Tailings aurifères	1	0,05	1 à 2

LES FILONS

Il s'agit d'un faisceau de veines sensiblement parallèles entre elles situées dans la terminaison orientale de l'anticlinal gréseux du Bois de Misedon. Ces filons sont de direction N 25° à N 40° E. Ils sont à pendage est pour les filons Georges et Wilson et à pendage ouest pour les filons Henri, 2 et 4.

D'est en ouest on distingue :

- le filon Georges

Or natif sur quartz, 7 x 5 cm. Collection de l'École des Mines de Paris

Or natif sur quartz
2,5 x 3 cm
Collection particulière

Stibine sur quartz cristallisé
Longueur du cristal
de stibine : 21 mm
Collection particulière

Stibine en "buisson"
Longueur 40 cm
Collection Ecole des Mines de Paris

Mispickel dans le quartz,
on distingue également
une petite mouche de blende.
5 x 9 cm
Collection particulière

- le filon Sainte-Barbe
- le filon Z
- le filon Wilson également appelé filon X
- le filon Henri
- le filon Masure
- le filon 2
- le filon 3
- le filon 4
- le filon 5
- le filon 6
- le filon 8

Le filon Georges et ses filons annexes

• *Filon Georges*

Découvert en 1900, le filon Georges assura jusqu'en 1913 l'essentiel de la production d'or et d'antimoine des mines de La Lucette (environ 440 000 t de minerai brut, un peu moins de 5 500 kg d'or).

Dans la seconde période d'exploitation de la mine (1916-1934), certaines branches secondaires du filon Georges négligées dans la première période furent explorées et exploitées entre 1931 et 1934.

Le filon exploité sur une hauteur de 280 mètres avait une puissance moyenne variant de 30 cm à plus de 4 m par endroits. Au niveau 300, le filon est devenu stérile en or et en antimoine.

Dans le filon Georges, la répartition de la stibine n'est pas uniforme. La zone la plus riche se situe le long du contact nord et du contact grès-schistes, où elle forme une colonne de 60 à 80 m de largeur dans le plan du filon. Au-delà vers le sud-ouest, la teneur diminue progressivement. Cette colonne est bien développée de la surface jusqu'à 250 m de profondeur. La teneur du minerai extrait de cette colonne varie de 10 à 50 % d'antimoine et 30 à 40 g/t d'or.

• *Petit filon Ouest*

Rencontré au niveau 100, au mur du filon principal dont il est séparé par 5 m de grès encaissant, il a été suivi à ce niveau sur une longueur de 85 m. Sa puissance moyenne était de 25 cm (quartz + minerai). Ce filon a également été tracé sur des longueurs équivalentes aux niveaux 115 et 130.

• *Filonnet auxiliaire du niveau 165*

Recoupé à l'étage 165 à 5 m au toit du filon principal, il a été suivi sur 40 m et exploré en amont pendage par une cheminée de 34 m. Le minerai se présentait de façon très régulière sur 7 à 10 cm d'épaisseur.

• *Filon auxiliaire du niveau 200*

Appelé aussi Branche du Plan Incliné, le plan incliné qui prolonge le puits Georges en profondeur a suivi jusqu'au niveau 215 une veine de stibine écartée de 10 m du filon Georges. Epaisse de 50 cm au niveau 200, elle s'est amincie au niveau 215. Elle fut travaillée en 1923 et abattue 1932 à 1934 jusqu'au

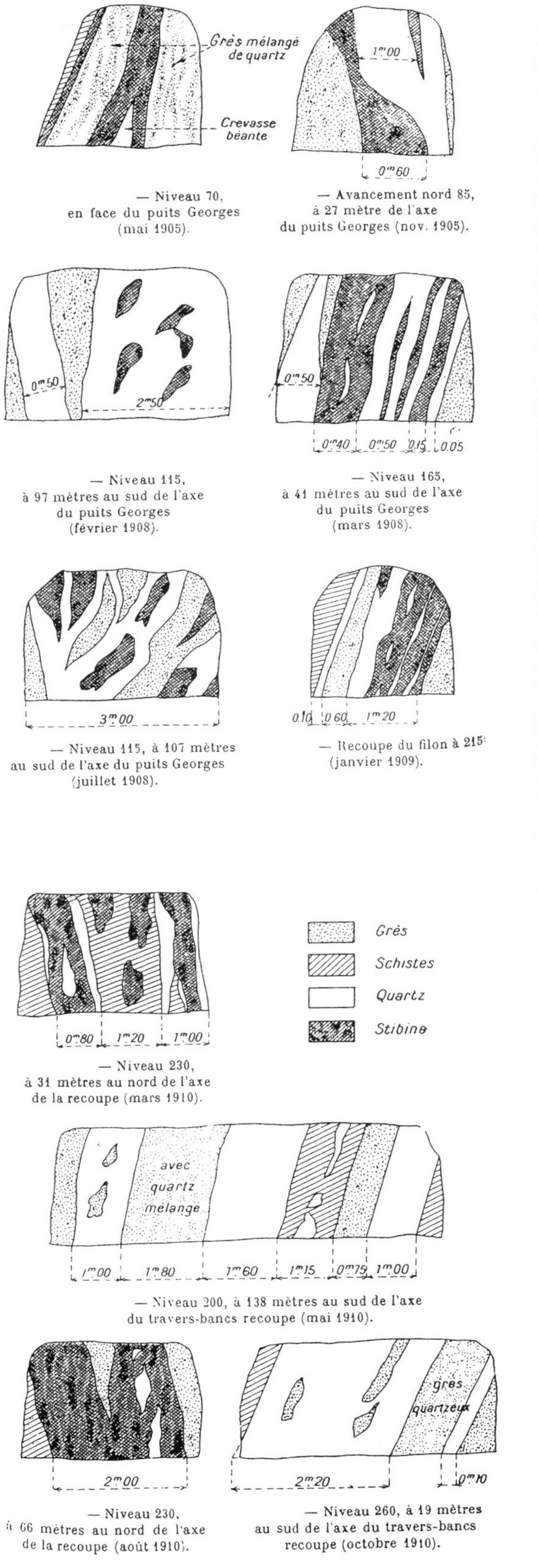

Aspects du filon Georges rencontrés dans les différents niveaux d'exploitation entre 1905 à 1910. (rapports d'exploitation de la mine).

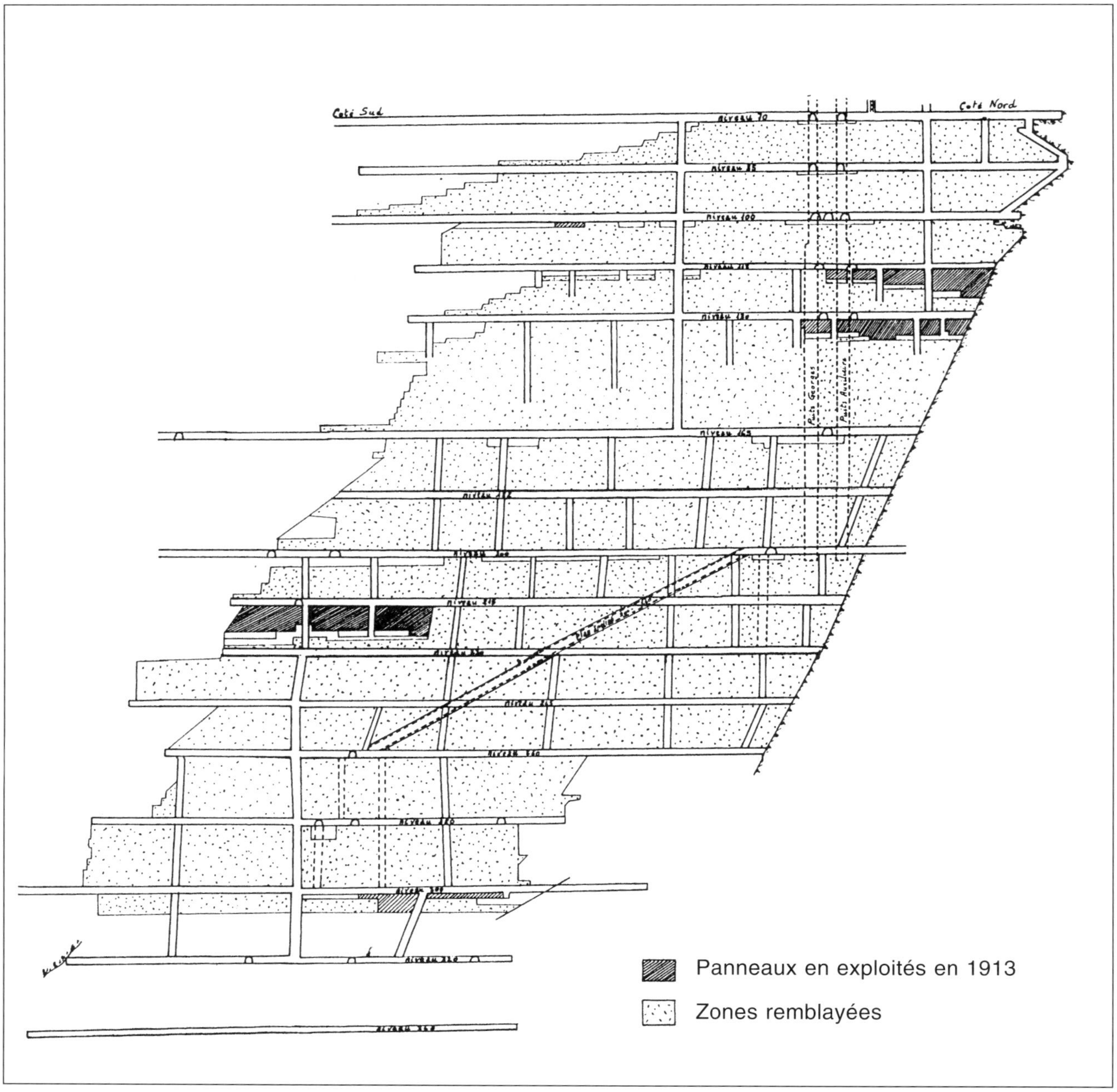

Coupe verticale du filon Georges selon l'axe nord-sud entre les niveaux 70 et 340 exploités de 1906 à 1913

niveau 280 où elle a disparu complètement. Puissance moyenne du filon : 10 cm de stibine avec quelques centimètres de quartz aurifère.

Filons du puits Minot

Un ensemble de filons fut exploité à partir du puits Minot, principalement avant la découverte du filon Georges et dans une moindre proportion entre 1916 et 1934. Dans l'ensemble, ces filons étaient faiblement aurifères.

• *Filon Henri*

Ce filon fut le plus important de cet ensemble. Sa production en minerai n° 1 fut de l'ordre de 1 000 à 1 200 tonnes, il ne produisait que très peu de minerai n° 2. Il fut exploité à nouveau en 1917 et 1918 aux niveaux 33, 40 et 70.

• *Filon Masure*

Ce filon, en réalité une ramification du filon Henri, n'a produit que quelques centaines de tonnes de minerai n° 1.

• *Filon K*

Il a donné, comme le filon Masure, quelques centaines de tonnes de minerai n° 1.

• *Filon C*

Ce filon, essentiellement quartzeux et de peu d'importance, a été l'objet de quelques travaux sporadiques de 1917 à 1925 entre les niveaux 70 et 46.

• *Filon n° 2*

Tracé et exploité sur 120 m au niveau 46 avant 1904 il fut repris entre 1921 et 1926. Formé de plusieurs veines de stibine au sein d'une gangue quartzeuse, sa puissance était faible et sa minéralisation pauvre. Il a produit quelques centaines de tonnes de minerai n° 1.

- *Filons n° 3 et 4*

Veines quartzeuses à peine minéralisées.

- *Filons n° 5 et 6*

Situés à 60 m à l'ouest des filons 3 et 4, il s'agissait de deux veines quartzeuses à peine minéralisées et séparées l'une de l'autre par 2,50 m de grès.

- *Filon est*

Il a été reconnu par le travers-banc sud-est du puits Portier au niveau 200. Ce travers-banc a recoupé à une dizaine de mètres du puits une formation quartzeuse et antimonieuse en plein grès qui fut suivie vers le nord et donna par endroits des pépites d'or visibles et en d'autres points une épaisseur de stibine de 7 à 8 cm.

Le filon Wilson ou filon X

Ce filon a été recoupé en août 1917 par un travers-banc tracé au niveau 70.

Un puits intérieur (puits Wilson) foncé entre les niveaux 70 et 110 a reconnu le filon en aval-pendage. Ces niveaux s'avérèrent très riches. Le dénoyage du puits Portier fut effectué en 1920 et le filon exploré au niveau 200.

Au niveau 200, la partie nord du filon n'a pas été reconnue. Du côté sud, les branches du filon Wilson étaient toutes assez courtes, minces, uniquement quartzeuses et pauvres en or à l'exception de la deuxième branche du mur qui fut baptisée filon F'.

Des cheminées de reconnaissance furent montées dans ces différentes branches et trouvèrent la minéralisation antimonieuse et aurifère au niveau 150.

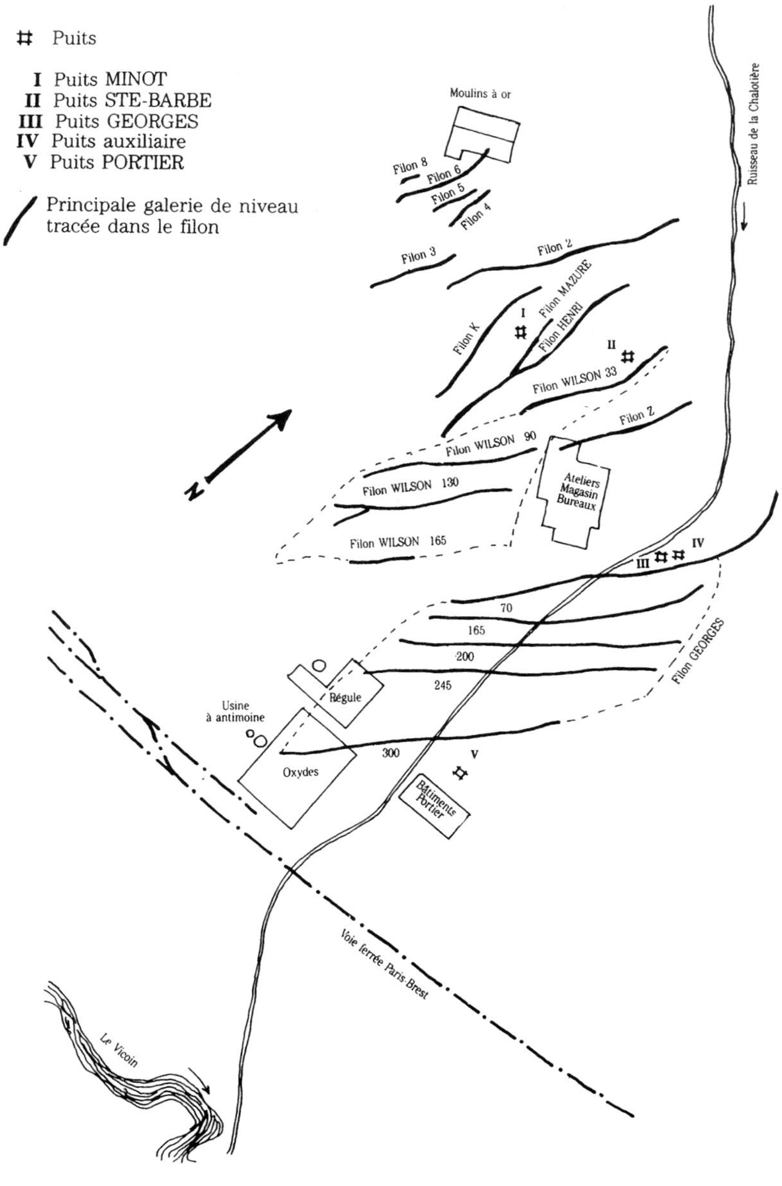

Plan d'ensemble du gisement de La Lucette (d'après Bellanger, annales des mines, 1921).

Etat des Avancements

1er Septembre 1918

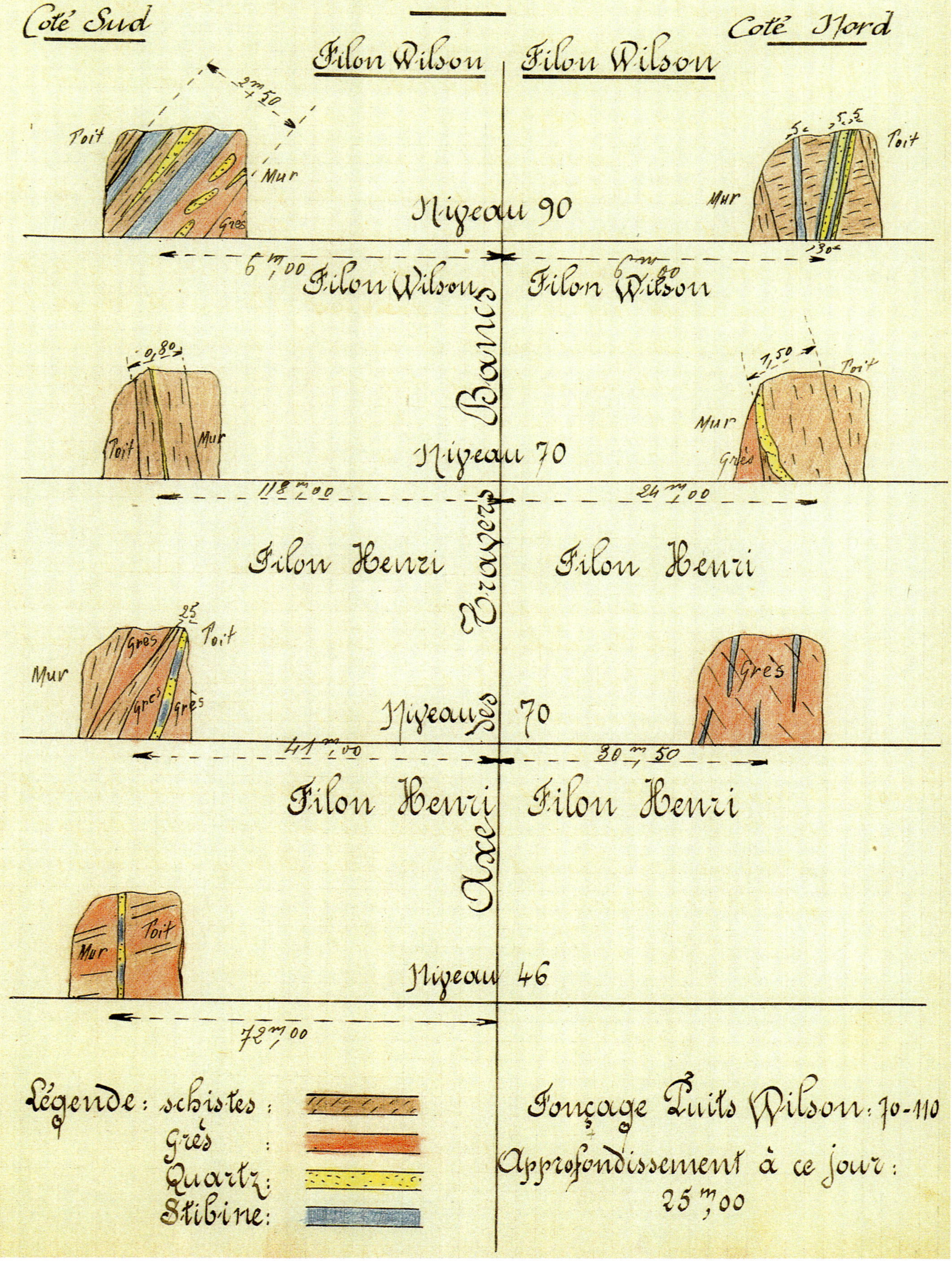

Pendant l'année 1923, des abattages furent menés dans la branche F' et produisirent du quartz aurifère. Dans sa meilleure partie, la puissance du filon était d'un mètre de quartz aurifère à 40 g/t mais cette minéralisation s'affaiblissait en amont et en aval du niveau 200. Un travers-banc au niveau 220 recoupa une série de filonnets de quartz aurifère mais leur faible puissance et la teneur irrégulière ne purent justifier son exploitation. Une tentative fut faite au niveau 220 en 1933.

Le filon Sainte-Barbe

Il fut découvert lors du percement du travers-banc entrepris au niveau 110 pour explorer la région comprise entre les filons Georges et Wilson.

Ce filon présentait dans le travers-banc une puissance de 3 cm (quartz et stibine). Un traçage effectué à ce niveau vers le nord montra que l'on avait affaire à un filon irrégulier dont l'épaisseur réduite en stibine variait de 0 à 30 cm.

Le traçage sud suivit une simple trace qui disparut au bout de 28 m. En amont pendage, la puissance diminua rapidement. A 90 m il n'y avait pratiquement plus rien. Il en fut de même en aval pendage.

Le filon Z

Découvert en 1925 au niveau 46, la minéralisation était assez irrégulière à ce niveau (1 à 6 cm de stibine).

Au niveau 70, il se présenta dans le traçage nord sous forme de trois veines, deux quartzo-antimonieuses de 6 cm de puissance et un mince placage antimonieux au toit du filon.

Ces trois veines se rejoignirent pour ne plus former qu'une veine verticale de 8 cm avec 6 cm de stibine.

Au sud, le filon Z formé de deux veines quartzeuses faiblement minéralisées en stibine se rejoignirent pour former un filon de 4 cm de puissance faiblement minéralisé.

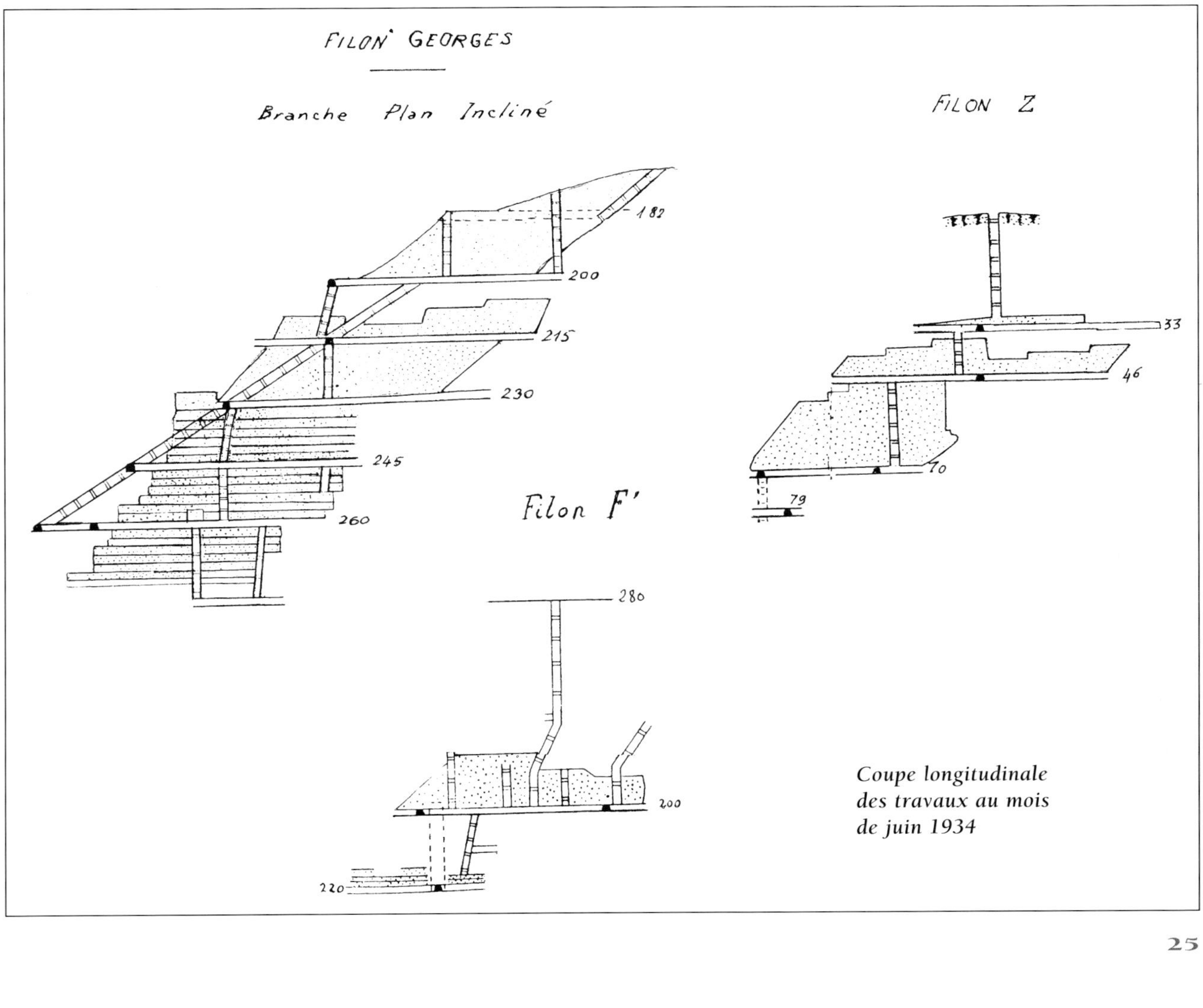

Coupe longitudinale des travaux au mois de juin 1934

Méthodes d'exploitation

On a peu d'informations détaillées relatives aux méthodes d'exploitation employées pour l'abattage du minerai.

Un rapport de juillet 1904, signé du Directeur, Monsieur Normandin, signale qu'à son arrivée à la mine, en février 1902, la méthode d'abattage employée était celle des gradins droits. Elle avait le seul avantage de pouvoir ouvrir des chantiers rapidement, mais elle fut très vite abandonnée.

Le nouveau directeur adopta alors la technique des gradins droits renversés de 2 m de haut avec sous-étages tous les 15 mètres environ, non remblayés. Avec cette méthode, les produits abattus restaient sur place et servaient de remblais provisoires, seul le minerai n° 1 composé de stibine pure était remonté immédiatement au jour. Cette méthode évitait la mise en place de planchers coûteux qui ne résistaient pas toujours aux tirs de mine. Le dépilage du filon terminé, le chantier était "déremblayé" par soutirage à partir du niveau de base où le minerai était chargé et acheminé par wagonnets vers le puits.

Position des Mineurs dans les chantiers d'abatage.

Gradins renversés

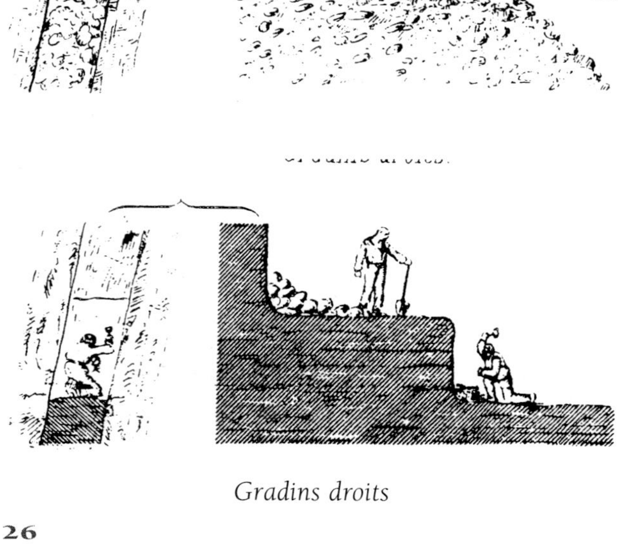

Gradins droits

Après soutirage du minerai les chantiers pouvaient être laissés vides, c'était la solution la plus économique, ou remblayés avec les stériles extraits des chantiers voisins, on utilisa également les rejets de laverie.

Chantier par gradins renversés

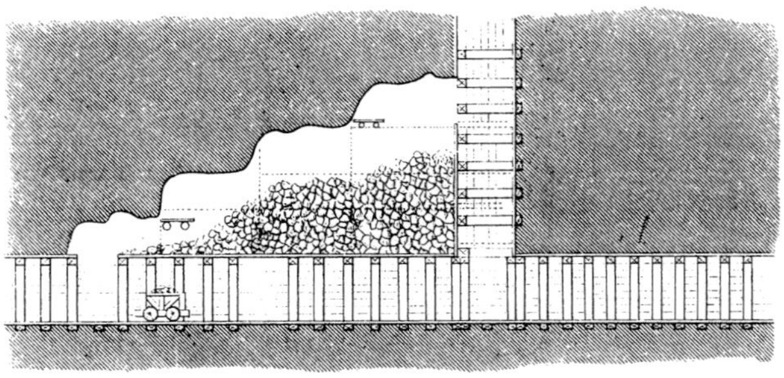

Chantier par gradins droits

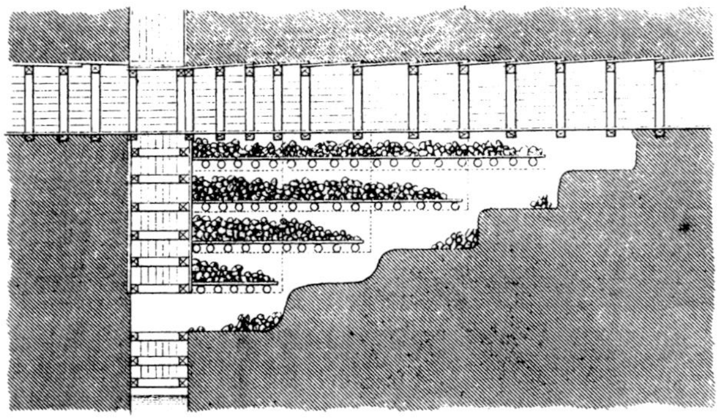

Méthodes d'exploitation employées aux mines de La Lucette

L'usage des tailings produits par le traitement du quartz aurifère a été envisagé pour le remblayage mais ne semble pas avoir été appliqué.

Par la suite, et probablement à partir des années 20, la méthode par tranches montantes remblayées fut largement utilisée dans les filons principaux. Dans certaines branches secondaires plus inclinées et dans certains endroits isolés des filons principaux, on a gardé la méthode des gradins renversés, sans remblayage après soutirage du minerai.

Les terrains encaissants souvent très solides (grès) ne nécessitaient pas toujours la mise en place de boisages, à l'exception des chantiers situés au voisinage des schistes ampéliteux tendres.

Traitement et valorisation des minerais

Le minerai tout-venant extrait de la mine subit un classement en cinq catégories distinctes. Ce classement est rendu nécessaire par la présence de deux types de minerais (or et antimoine) dont les traitements finaux sont totalement différents l'un de l'autre, voire même incompatibles.

TRAITEMENT

Scheidage et triage

Sortis de la mine, les produits extraits (minerai tout-venant) subissent un premier tri manuel (scheidage) pour séparer les blocs de roches stériles (schistes et grès) du minerai.

Après criblage, les fines sont directement envoyées à la laverie et les morceaux triés sur des tables sans fin et classés en cinq catégories.

Différentes catégories de minerai	
Minerai n° 1	stibine pure (50-60 % Sb) obtenu par scheidage
Minerai n° 2 riche	stibine aurifère (9-10 % Sb, 40 g/t Au)
Minerai n° 2 pauvre..	stibine (9-10 % Sb)
Quartz riche	quartz à teneur > 100 g/t
Quartz pauvre	quartz à teneur < 100 g/t

Lavage

Les produits fins obtenus après passage dans les cribles coxes et considérés comme minerais d'antimoine, sont lavés dans une série de bacs à pistons.

Valorisation des minerais

Après triage et lavage, on obtient deux grandes catégories de minerais :
- les minerais d'or,
- les minerais d'antimoine (éventuellement aurifères).

Ils sont ensuite dirigés vers deux usines distinctes visant à extraire ou à valoriser le métal contenu.

Quartz aurifères

Les minerais d'or des mines de La Lucette sont considérés dans leur majeure partie comme des quartz à or libre. L'or est disséminé dans le quartz sous forme de paillettes ou même de pépites pouvant atteindre plusieurs dizaines de grammes. Leur traitement est alors des plus simples : broyage et amalgamation dans les moulins à or.

Une partie de l'or est également associée aux sulfures (mispickel principalement, stibine et pyrite), cet or n'étant pas amalgamable, il est récupéré par

Les moulins à or (1928 environ)

SCHÉMA DE LA LAVERIE

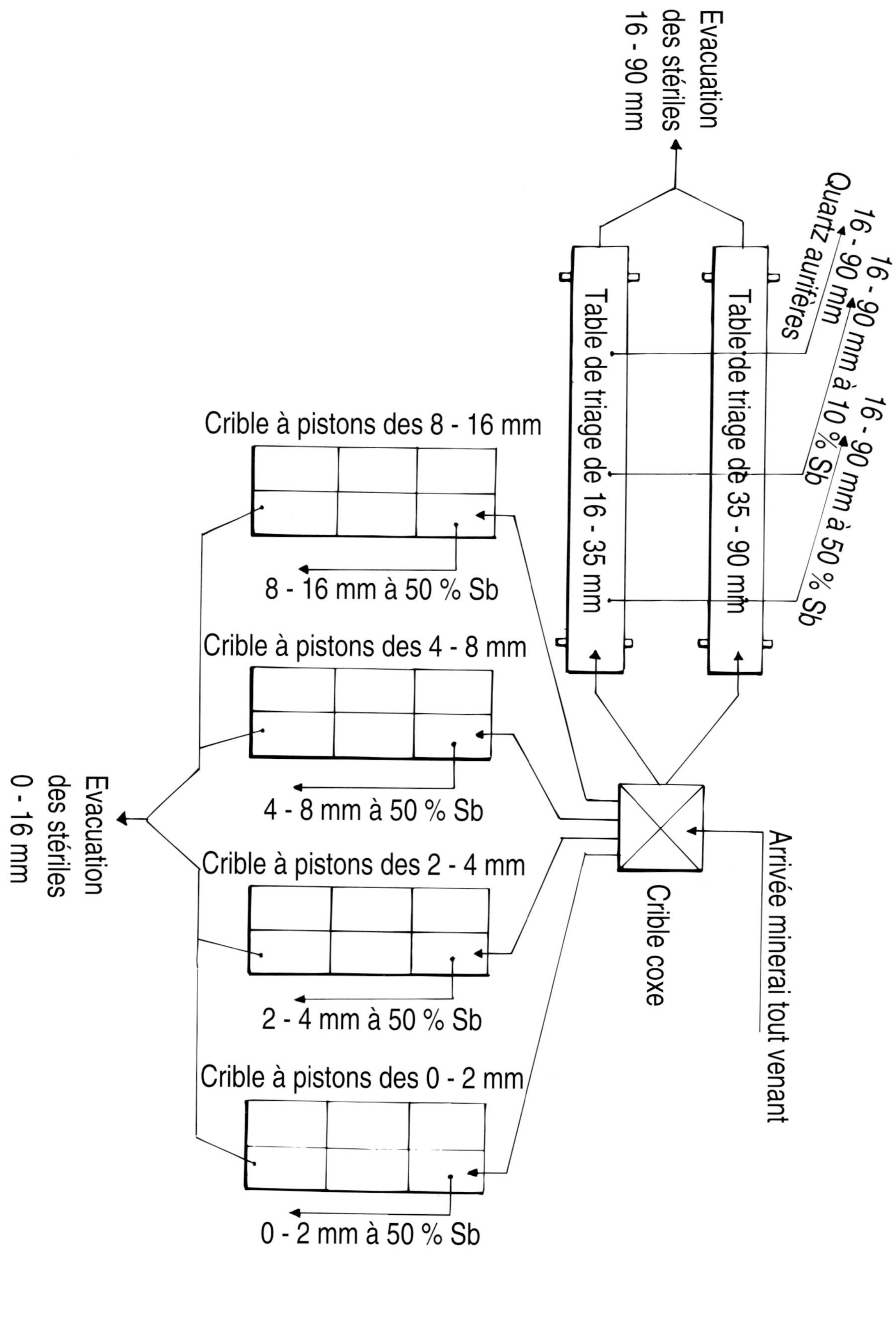

concentration des sulfures sur les tables à secousses installées à la suite des plaques d'amalgamation.

Contrairement à certaines "légendes" et certains "bruits" persistants encore aujourd'hui, le procédé de traitement des minerais d'or par cyanuration ne fut jamais appliqué aux minerais d'or des mines de La Lucette.

Fonctionnement des moulins à or

Les quartz aurifères étaient traités dans trois "moulins à or". Le premier fut installé en 1905, le second en 1908 et le troisième en 1911.

- Broyage : chaque moulin à or comprend une trémie de stockage pour les quartz aurifères celle-ci alimente deux batteries de cinq pilons de 500 kg chacun (installation Fraser et Chalmers Ltd).
- Amalgamation : la pulpe obtenue par broyage passe ensuite sur deux tables d'amalgamation où l'or libre est amalgamé au mercure, l'amalgame obtenu étant ensuite distillé pour obtenir les tourteaux d'or.
- Concentration : après amalgamation, la pulpe est débarrassée d'une grosse partie de l'or libre, il reste cependant de l'or qui peut avoir échappé au mercure (5 % environ) mais aussi de l'or associé ou contenu dans les sulfures.

La pulpe alors classée par trois caisses pointues est redistribuée vers trois lignes de concentration parallèles composées de trois tables à secousses fonctionnant en série (deux tables Wilfley et une table Dalemagne).

Cette concentration aboutit à l'obtention de deux catégories de produits :

- les concentrés sulfurés aurifères marchands,
- les stériles (tailings) qui étaient évacués après décantation vers une aire de stockage.

Après distillation de l'amalgame, les tourteaux d'or bruts obtenus étaient directement vendus aux affineurs (Comptoir Lyon Alemand). La société ne disposait pas d'atelier de fusion permettant de couler des lingots, seuls les grosses "pépites" étaient mises de côté et fondues sur place.

Les concentrés de sulfures aurifères étaient également vendus à des usines anglaises et américaines (Elliot's Metal) disposant d'installations adaptées au traitement de ce type de minerais sulfurés (fours water-jacket). La production, relativement faible de sulfures aurifères ne justifiait pas l'installation au Genest d'une unité de traitement spécialement adaptée à ce type de minerai.

Type de batterie de pilons utilisée à la mine de La Lucette (catalogue Fraser et Chalmers)

Minerais d'antimoine (aurifères ou non)

Le traitement des minerais d'antimoine se fit dans deux fonderies différentes. La première, construite par la Société Anonyme des Mines de La Lucette, fut

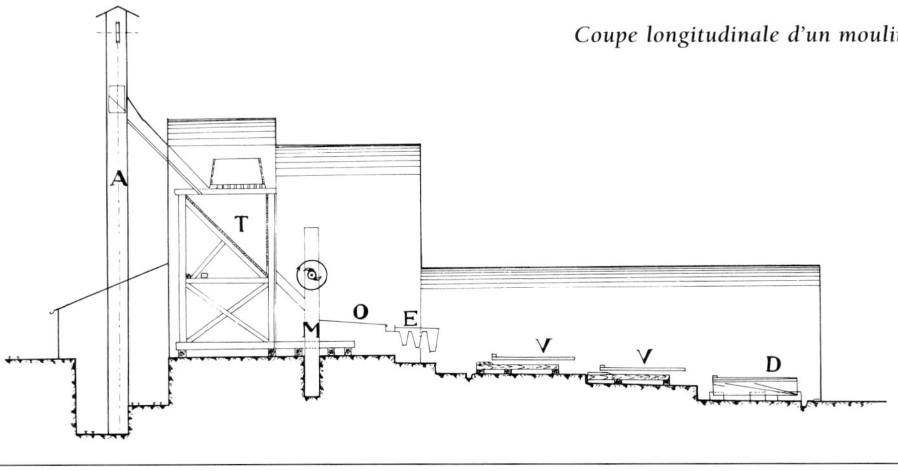

Coupe longitudinale d'un moulin à or

Société Nouvelle des Mines de la Lucette   Le Genest (Mayenne)
VUE en PLAN schematique de l'ensemble des 3 MOULINS

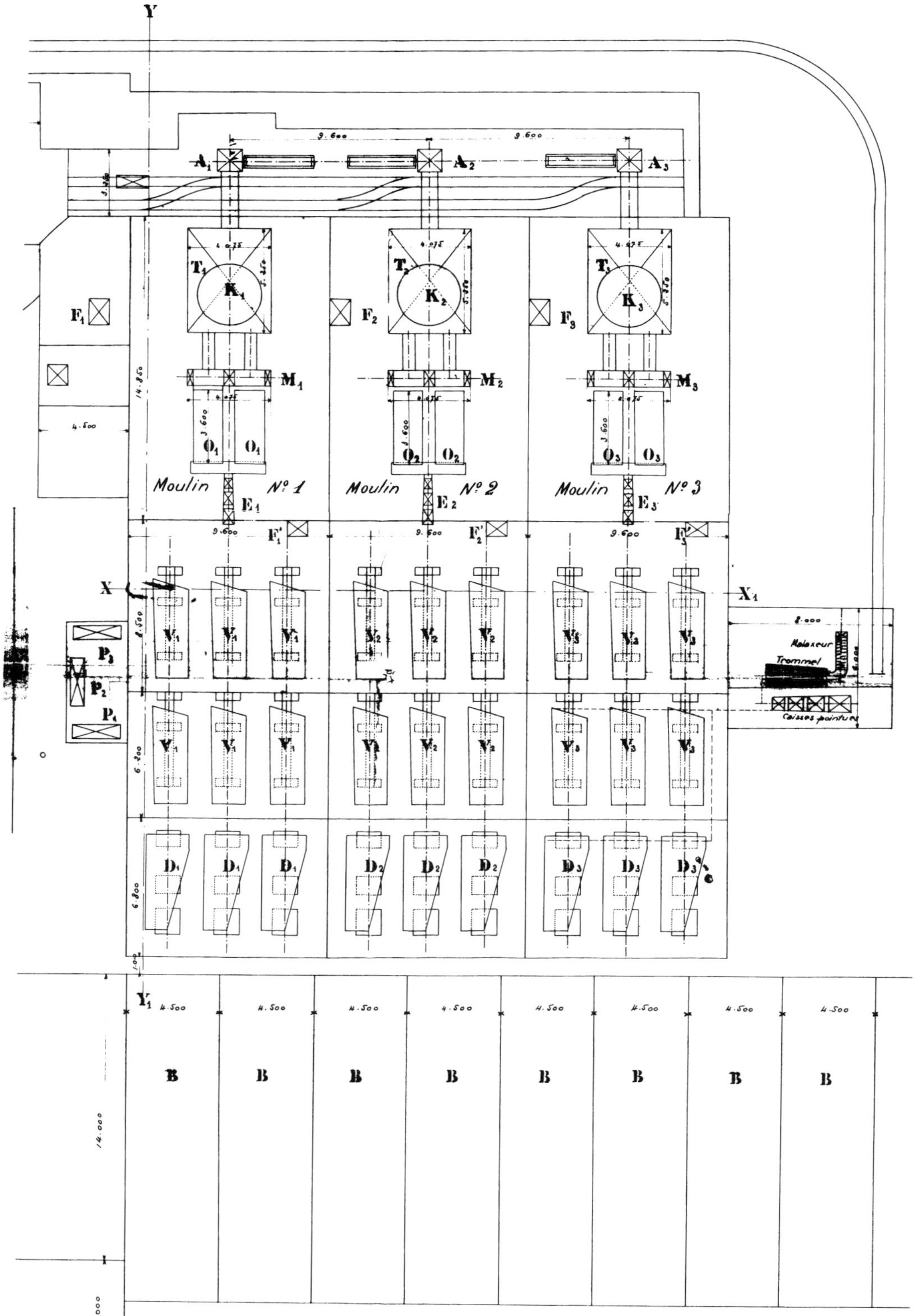

A Monte-charge actionné par un moteur de 10 CV
D Tables Dallemagne
E Caisses pointues
F Moteurs de 30 CV actionnant les batteries
F' Moteur de 5 CV actionnant les tables
K Cuves d'alimentation
M Doubles batteries de pilons
O Tables d'amalgamation
P Pompes centrifuges
T Trémies à quartz
V Tables Wilfley

installée par Monsieur Herrenschmidt. Elle fonctionna jusqu'en 1908, date de mise en service de la nouvelle fonderie.

La première fonderie était située sur le carreau de la mine entre le puits Georges et le puits Minot. En 1904, lors de la création de la nouvelle société, cette fonderie comprenait 5 fours de fusion et 6 fours à oxyde.

Cette première usine, bien que performante, s'avéra trop petite devant l'accroissement de production liée à la découverte du filon Georges et inadaptée aux nouveaux minerais mixtes. L'étude d'une nouvelle usine fut décidée en 1906.

Mise en service en 1908, la nouvelle fonderie, fut construite de l'autre côté de la route du Genest, en bordure de la voie ferrée. Elle comprenait dans un premier temps 6 fours à oxyde et 4 fours à régule.

Après la fermeture de la mine en 1913, la fonderie fonctionna avec des minerais en provenance d'autres gisements.

Ces minerais étaient parfois de nature différente de ceux exploités jusqu'alors au Genest, en particulier ceux de la mine d'Ain-Kerma (Algérie), minerais oxydés, qui nécessitaient la mise en place d'autres procédés de traitement. Un four water-jacket fut construit pour traiter ces nouveaux minerais mais

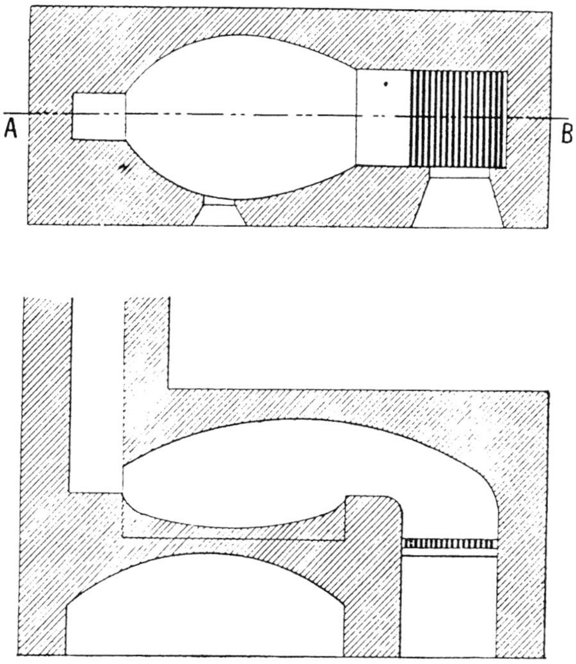

Four à réverbère utilisé pour la réduction de l'oxyde d'antimoine et la fabrication du régule.
(d'après E. Prost, cours de métallurgie, 1912)

a four de grillage
d chambres de condensation
h ventilateurs
i tour chargée de coke
j arrivée d'eau
n bassins de décantation

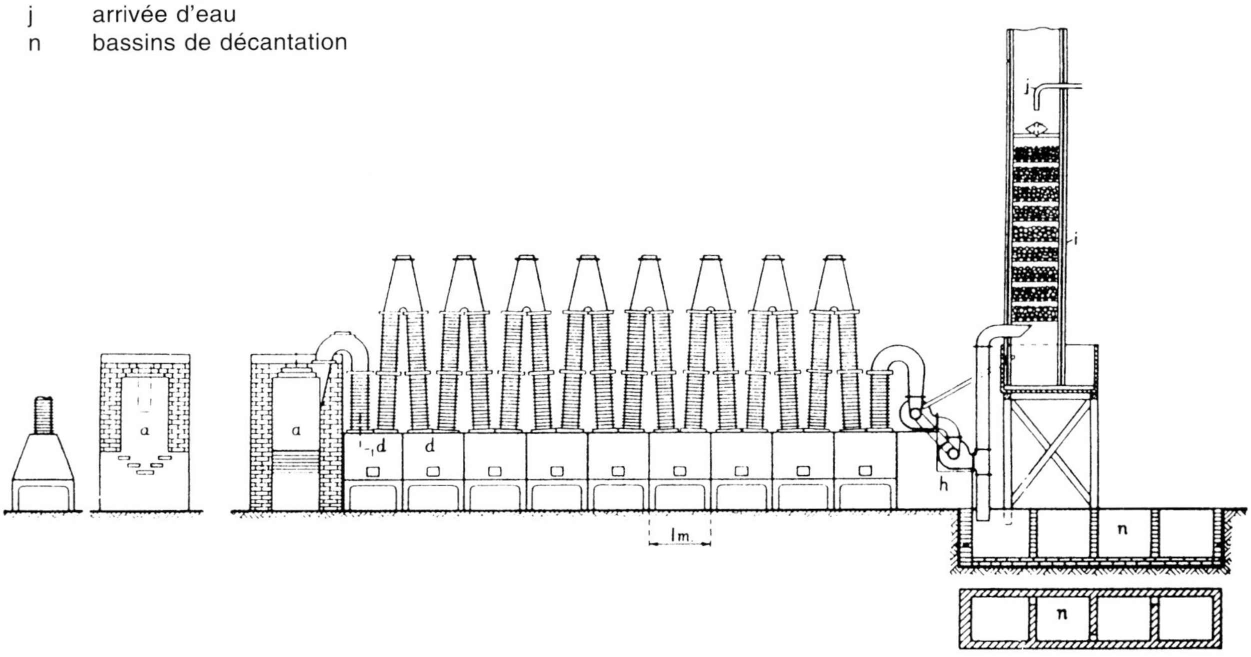

Four de grillage "Herrenschmidt"

aussi pour traiter les scories aurifères de l'ancienne usine.

Un atelier de fabrication de soufre doré fut installé en 1919. Le soufre doré est un sulfure d'antimoine complexe utilisé dans la vulcanisation du caoutchouc auquel il communique sa couleur rouge.

Pour faire face à la concurrence des produits français et étrangers, chinois en particulier, les dirigeants de la société investirent et améliorèrent les équipements de l'usine afin de fournir de meilleurs produits leur permettant de rester à la pointe de cette industrie. En 1933, alors que la mine s'éteint, un nouvel atelier de production d'oxyde extra-blanc extra-fin est mis en service.

Métallurgie de l'antimoine

Dans cette première partie du 20ème siècle, les seuls procédés utilisés pour l'extraction de l'antimoine sont des procédés par voie sèche, le mode de traitement variant en fonction de la nature du minerai.

Aux mines de La Lucette, le minerai d'antimoine est constitué par de la stibine pure, minerai n° 1 (50-60 % Sb) et de minerai n° 2 composé de stibine mélangée à du quartz et quelques sulfures.

Traitement du minerai n° 1, production de l'antimoine métal

- *Traitement par liquation*

Ce procédé élémentaire consiste à chauffer le minerai dans des creusets pour séparer la stibine, aisément fusible, de la gangue. Ce traitement produit de "l'antimoine cru" appelé aussi "crudum". Ce produit n'a qu'une faible valeur marchande, par ailleurs ce traitement est très imparfait car les résidus non fusibles retiennent une bonne part de l'antimoine.

Devant l'échec des premiers essais de traitement et pressé par les besoins d'argent Henri Herrenschmidt eut recours à ce procédé. Il ne fut utilisé que dans les premières années d'exploitation (1898, 1899 et 1900), ou pour quelques rares commandes particulières.

- *Procédé par précipitation*

La stibine ou le crudum sont traités dans un four à réverbère. A la stibine en fusion, on ajoute du fer, celui-ci capte le soufre pour former un sulfure de fer et libère l'antimoine selon la formule chimique suivante :

$$Sb_2 S_3 + 3\ Fe \rightarrow 2\ Sb + 3\ Fe S$$

PAIN DE RÉGULE FABRIQUÉ A LA LUCETTE

Marque H∗H (fond de lingotière)

Surface du pain avec ses cristallisations d'antimoine (étoilage)

DESCRIPTION DU PROCÉDÉ EMPLOYÉ À LA FONDERIE DES MINES DE LA LUCETTE

(d'après G. Pautrat, Engineering and Mining Journal, 1907)

Traitement du minerai n° 1 à 50-60 % d'antimoine

Le travail comprend deux phases :

1) fusion en présence de fer pour obtenir l'antimoine brut

2) raffinage du métal brut aboutissant à l'antimoine contenant 99,2 à 99,5 % d'antimoine.

• Fusion : le four à réverbère employé pour cette opération a une longueur totale de 8 à 9 m et une largeur de 1,25 m. La distance de la sole à la voûte est de 1,60 à 1,70 m. Le four proprement dit est complété par des chambres à poussières destinées à retenir en partie les composés d'antimoine volatilisés.

Le four étant chauffé, on charge d'abord des scories fusibles et du carbonate de sodium, puis un mélange de minerai et de soude ; on élève ensuite la température jusqu'à ce que le tout soit complètement fondu. Après avoir enlevé les silicates et autres impuretés qui se sont rassemblées à la surface du bain, on ajoute le fer (déchets de fer ou fer-blanc désétamé) et on laisse s'opérer la précipitation en même temps qu'on supprime autant que possible l'accès de l'air.

L'antimoine précipité se dépose sur la sole. Au-dessus flotte le sulfure de fer mélangé aux fondants alcalins. L'opération est répétée jusqu'à ce que le niveau du bain se rapproche de la porte de travail. Le sulfure de fer est enlevé à la cuillère et coulé dans des moules ; l'antimoine est ensuite puisé à son tour et moulé. L'opération complète qui permet d'obtenir environ 300 kg d'antimoine est achevée en trois heures.

• Raffinage de l'antimoine brut : l'antimoine précipité par le fer est souvent chargé d'une forte proportion d'éléments étrangers (fer, arsenic, plomb, cuivre ou or). L'élimination de ces éléments s'obtient en refondant l'antimoine en présence de fondants appropriés. Ainsi le sulfure d'antimoine en présence de carbonate de sodium ou de potassium, transforme le fer et le cuivre en sulfures, lesquels s'unissent ensuite au sulfure alcalin qui a pris naissance dans la masse pour former une scorie aisément fusible.

L'arsenic de son côté se transforme sous l'action des alcalis en arséniate alcalin et passe sous cette forme dans la scorie.

A La Lucette, l'opération s'effectue de la façon suivante : dans un four à réverbère, le métal à refondre est protégé de l'oxydation par l'air au moyen d'une couche de scories formées en grande partie de carbonate de sodium. Après avoir donné un coup de feu pour permettre la séparation bien nette des produits fondus, on ouvre la porte du four et on écume le bain. Avant de retirer le métal raffiné on ajoute encore, afin de former sur celui-ci une couche protectrice. un mélange d'oxyde d'antimoine, d'oxysulfure, de carbonate de sodium qu'on additionne d'un peu de charbon. Sous l'action du soufre contenu dans ce mélange, le fer se transforme en sulfure. L'antimoine est ensuite puisé et coulé en lingots d'environ 20 kg, dans des moules parallélépipédiques.

Traitement du minerai n° 2, production de l'oxyde d'antimoine

• Traitement par grillage volatilisant

Les minerais sulfurés pauvres sont transformés par ce traitement par grillage en oxydes (Sb_2O_3) qui se volatilisent en se condensant dans les chambres de condensation. Cet oxyde est ensuite réduit pour fabriquer du régule.

L'installation mise au point par Henri Herrenschmidt est ainsi décrite

(Métallurgie des métaux autres que le fer, Prost)

Le four de grillage à section carrée, est limité inférieurement par une grille formée de barreaux en fer disposés en gradins. L'installation pour la condensation de l'oxyde comprend d'abord une série de tuyaux à ailettes et de chambres de condensation en fonte dans lesquelles les vapeurs sont aspirées par deux ventilateurs. Chacune des chambres de condensation a une longueur de un mètre.

L'oxyde non condensé dans les chambres arrive ensuite avec les gaz dans une tour en bois chargée de coke, dans laquelle ruisselle de l'eau amenée par un tuyau et un distributeur. L'eau chargée de Sb_2O_3 circule dans une caisse formée de plusieurs compartiments où l'oxyde se dépose.

Le minerai est chargé en morceaux de 1 à 4 cm ; le minerai pulvérulent peut aussi être traité après avoir été aggloméré avec un peu d'argile.

Préalablement à l'introduction du minerai on place sur la grille une couche de scorie obtenu lors d'une opération antérieure, couche suffisante pour dépasser de 10 cm les barreaux supérieurs. Sur la scorie on dispose du charbon de bois sur une hauteur de 10 cm. Le four étant échauffé par la combustion de ce combustible, on charge 50 kg de minerai à 20 % environ d'antimoine mélangé à du charbon ou du coke et l'on continue à charger de quart d'heure en quart d'heure. Les résidus sont évacués à mesure que le grillage progresse.

- Réduction de l'oxyde d'antimoine

(fabrication du régule)

Les fours à réverbères employés pour cette opération sont à sole ovale, fortement concave mesurant environ 2 m de long sur 1,50 m de large au milieu du four. La sole est inclinée de façon à permettre l'évacuation du métal réduit par un trou de coulée ménagé dans la face antérieure du four. Dans la voûte supérieure est pratiquée une ouverture servant au chargement. Les fours de fusion, comme les fours de grillage, sont reliés à des installations de condensation. Lorsque la fusion est complète on procède à la coulée de l'antimoine métallique qui, s'il est suffisamment pur, peut être reçu dans des creusets dans lesquels on verse un peu de scorie d'étoilage préparée pendant la réduction. La scorie d'étoilage préserve le métal de l'oxydation et détermine à sa surface des cristallisations qui sont considérées comme des indices de pureté.

Récupération de l'or

Le minerai d'antimoine exploité aux mines de La Lucette est fréquemment aurifère, en moyenne 20 g/t.

Dans le cas des minerais traités selon le procédé de précipitation par le fer, une partie de l'or passe dans le sulfure de fer qui apparaît pendant la précipitation, cet or peut être récupéré en fondant le sulfure avec des charges plombleuses.

Si le minerai est traité par grillage volatilisant, l'or reste dans les résidus (scories) dont il peut être ensuite retiré par les procédés employés pour le traitement des minerais d'or.

Malgré quelques essais, la plus grosse partie des scories aurifères résultant du traitement des minerais d'antimoine fut vendue à des usines étrangères (American Smelting).

Découverte du gisement d'antimoine

Les faits relatés ici sont extraits d'un document retrouvé dans les archives de la Société Nouvelle des Mines de La Lucette et intitulé : "Origines de la Société Nouvelle des Mines de La Lucette". La précision concernant les lieux, les dates et les noms, cités permet de considérer ce document comme porteur d'une vérité historique.

Ce texte n'est malheureusement pas daté ni signé mais semble avoir été publié aux environs de 1908 - 1910.

"Le dernier dimanche du mois de mars 1891, Monsieur Masure, alors associé de la Maison Masure Ferry & Héduit, négociant à Rouen, étant en tournée d'affaires à Laval, fut invité à une partie de pêche au brochet par Monsieur Alphonse Béasse fabricant de coutil à Laval.

La partie de pêche eut lieu sur les bords de la rivière Le Vicoing entre Port-Brillet et le Genest. Vers midi Monsieur Masure et Monsieur Béasse quittèrent les bords du Vicoing pour venir déjeuner à une auberge du Genest, bien connue de Monsieur Béasse et tenue par les époux Marsollier. Le mari était contremaître maçon et la femme tenait l'auberge.

La route du Genest à Loiron parcourue par les deux pêcheurs venait d'être empierrée, il avait plu abondamment la nuit précédente et les pierres qui venaient d'être posées étaient on ne peut mieux lavées, ce qui permit à Monsieur Masure de remarquer et de ramasser parmi ces pierres de beaux morceaux de stibine, il demanda à son compagnon si on exploitait une mine d'antimoine dans le pays. Non, répondit Monsieur Béasse, la pierre que vous venez de ramasser provient de la carrière de Marsollier auprès de laquelle nous allons passer à 200 mètres d'ici ; nous pourrons la voir en passant. La dite carrière était située au nord de la route et à peu près à 60 m de celle-ci. a côté d'un stock de pierres cassées, Monsieur Masure remarqua environ 150 kg de stibine très oxydée et au centre de la carrière la tête d'un filon de stibine brillante. Ce filon avait une puissance de 0,35 m, il était encastré dans du quartz blanc et sa direction allait sensiblement de l'est à l'ouest. Monsieur Masure en détacha avec le bout ferré de sa canne à pêche un fort bel échantillon de cette stibine puis les deux pêcheurs reprirent le chemin de l'auberge. Sur la cheminée de la petite salle où fut dressé leur couvert, six échantillons très beaux de stibine étaient disposés et avaient été apportés là par Monsieur Marsollier, ce dernier questionné par Monsieur Masure répondit que ces échantillons provenaient de sa carrière située sur sa ferme de la Chrétiennière, qu'il avait cru d'abord que c'était du plomb, il avait essayé de le faire fondre dans sa pelle à feu, mais que cela avait brûlé en donnant une flamme bleue laissant après combustion une cendre noire, qu'il en avait déduit que c'était du mauvais charbon, probablement, l'affleurement des filons d'anthracite exploité par Monsieur Sabine. Monsieur Masure dit alors à Monsieur Marsollier qu'il devait y avoir quelques chose à faire avec ce gîte et offrit à Monsieur Marsollier de s'entremettre pour en tirer parti en indiquant sommairement les bases de l'entente.

Rentré à Rouen, Monsieur Masure envoya un échantillon à Monsieur Bruer chimiste de la maison Casthelles à La Porterie Belbeuf (près de Rouen) et lui demanda d'en faire l'analyse ; l'échantillon donna 52 % d'antimoine et des traces d'or.

Le lundi 7 avril, Monsieur Masure revint au Genest et par acte sous-seing privé arrêté avec Monsieur Marsollier et sa femme (tutrice des mineurs Dhommeaux héritiers du champ où se trouvait la mine), les conditions de l'entente : Messieurs Masure, Ferry et Héduit s'occuperaient de la mise en valeur ou de la cession de la mine à une société exploitante ; tous les frais que comporterait cette opération seraient supportés par eux et les bénéfices qui en proviendraient seraient partagés moitié par moitié, c'est-à-dire 50 % pour Marsollier et 50 % pour Masure, Ferry et Héduit.

Comme sanction à ce contrat Messieurs Masure, Ferry et Héduit firent visiter la mine par un ingénieur des Mines, Monsieur Petau de Molette qui se rendit sur les lieux dans le courant de juin 1891 ; son rapport ne fut guère encourageant, il resta deux jours sur les lieux, prospecta tout le terrain compris entre les routes d'Olivet à Loiron jusqu'au point d'intersection de la route de Loiron au Genest, de ce point à Le Genest et du Genest à Olivet. Il ne reconnut aucun indice, cependant il relate dans son rapport qu'un domestique de la ferme de la Lèverie lui déclara que 10 ou 15 ans auparavant on avait trouvé, sur une métairie où il travaillait alors et sans la désigner, en creusant un puits, des cailloux semblables à ceux de Marsollier.

Monsieur Petau de Molette indiquait qu'il n'y avait pas grands fonds à faire de la mine, que les mines d'antimoine étaient lenticulaires, fort capricieuses, que celle qu'il venait de visiter sur la Chrétiennière était située dans des terrains de métamorphisme au milieu des grès et des schistes dévoniens.

Deux ans plus tard, Monsieur Giraud de la Société Bonnet, Ramel, Savigny Giraud & Marnas de Lyon vint visiter la mine de la Chrétiennière. Après l'avoir visitée et avoir emporté des échantillons, il devait faire des propositions d'achat, sa réponse n'est jamais venue.

Entre temps Monsieur Masure remit à Monsieur Lemarchand constructeur de machines à vapeur au Petit Quévilly un échantillon de la stibine de la Chrétiennière pour sa collection minéralogique. C'est dans cette collection, au mois de juillet 1897 que Monsieur Herrenschmidt eut connaissance de ce minerai. C'est Monsieur Lemarchand qui fit connaître à Monsieur Herrenschmidt que cet échantillon lui avait été remis par Monsieur Masure. Monsieur Herrenschmidt vint trouver les trois associés, demanda à voir le gîte et à entrer en négociation pour l'achat de cette mine."

(Ce n'est donc que six ans après la découverte du gisement par Monsieur Marsollier et son identification par Monsieur Masure qu'entre en jeu l'un des personnages clés de l'histoire des mines de La Lucette : Henri Herrenschmidt.)

"Les pourparlers aboutirent et les 18 et 19 janvier 1898 fut signé au Genest et à Rouen l'acte sous-seing privé qui consacrait cette convention, qui fut enregistré à Rouen le 2 février 1898 sous le numéro 76.

Monsieur Herrenschmidt s'était présenté à la participation Marsollier, Masure, Ferry et Héduit comme Ingénieur Métallurgiste, il avait disait-il déjà exploité une mine d'antimoine en Australie à Costerfield et il était affirmait-il, créateur de la marque de régule "Star".

Dès que le contrat fut signé Monsieur Herrenschmidt se mit à l'œuvre."

Voici donc exposée dans ce rapport l'histoire réelle et particulièrement détaillée de la découverte du gisement de La Lucette, rendant ainsi à chacun le rôle qui lui revient.

Rôle souvent effacé par la personnalité quelque peu exubérante de Monsieur Herrenschmidt qui eut, malgré tout, le grand mérite de mettre en exploitation le gisement et d'amorcer une longue histoire à laquelle il ne participera guère qu'en spectateur, essayant vainement de remonter dans un train qu'il avait dû quitter précipitamment.

Henri Herrenschmidt

Il est impossible de s'intéresser à l'histoire des mines de La Lucette sans parler de Henri Herrenschmidt dont la forte personnalité marqua l'histoire de cette mine à tel point qu'on lui attribue généralement sa découverte. Nous avons vu dans l'histoire de la découverte qu'il n'en est rien.

Henri Herrenschmidt fut néanmoins le personnage clé de la mine de La Lucette, un détonateur qui mit en route une machine qui, près d'un siècle plus tard, tourne encore très bien. Comme pour beaucoup de sociétés industrielles nouvelles, ne disposant pas de gros capitaux, le démarrage fut long et laborieux, il fut également douloureux pour notre personnage.

Henri Herrenschmidt est né à Mulhouse en 1847, ingénieur chimiste il est spécialisé dans la métallurgie des métaux non ferreux. Vers 1880 il mit au point le traitement des minerais de cobalt extraits des gisements de Nouvelle-Calédonie. Il travaillait alors pour le compte des sociétés Le Nickel à Glasgow et Malétra à Rouen leur apportant avec ses procédés un quasi monopole sur le marché mondial du cobalt (celui-ci s'effondra en 1907 avec la découverte de très importants gisements en Ontario). Douze années durant, Henri Herrenschmidt s'occupa également de l'exploitation et du traitement des minerais d'antimoine d'Australie et plus particulièrement du gisement de Costerfield, où l'or était associé à l'antimoine.

C'est en juillet 1897 qu'il découvrit les échantillons de stibine du gisement du Genest dans la collection minéralogique de Monsieur Lemarchand, il entrait alors de plain-pied dans cette histoire et dans la légende.

Dès le début Henri Herrenschmidt marqua personnellement la société et la concession en les baptisant Lucette, qui n'était pas sa fille, comme le veut la légende mais plus vraisemblablement sa nièce (les témoignages affirment qu'il n'avait pas de fille). On possède du reste un portrait de Lucette, sa photo ornait le menu du repas de la fête de Sainte Barbe 1898.

La Société Anonyme de La Lucette fondée, il en devint l'administrateur délégué, c'est lui qui dirigea l'exploitation minière et mit au point les traitements métallurgiques. Il laissa une fois encore son empreinte, cette fois-ci dans les produits fabriqués par les usines de La Lucette. Il créa une marque de fabrique pour le régule et l'antimoine, la marque H*H (ses propres initiales) qui fut gravée sur tous les

Carte postale publicitaire éditée par Henri Herrenschmidt en 1904 après la découverte de l'or.
Vue générale très champêtre du Moulin du Bas-Coudray

lingots de métal jusqu'à une époque encore très récente.

Au dire des témoignages l'administrateur délégué était toujours partout et nulle part à la fois, à peine avait-il entrepris un travail, qu'il changeait d'avis, méprisant les contingences économiques et de surcroît doté d'un caractère difficile et d'une humeur changeante.

Si l'intérêt qu'il portait au succès de l'exploitation minière n'est pas à mettre en doute, il semble bien qu'il y ait eu un certain décalage entre les difficultés financières bien réelles de la société et une tendance à se constituer une petite fortune personnelle comme l'indique le rapport sur les origines de la Société Nouvelle des mines de La Lucette déjà cité précédemment :

"Le capital de la société n'était que de 100 000 F, prêté par les actionnaires. Cette somme ne tarda pas à être absorbée, la production de la mine fut impuissante à couvrir toutes les dépenses, divers actionnaires prêtèrent des sommes importantes à la société pour en assurer le développement et Masure, Ferry et Héduit accordèrent un découvert qui arriva à 325 000 F. Pendant ce temps, Monsieur Herrenschmidt chauffait les actions et vendait sans relâche pour son compte, il vendait pour acheter l'Esnaudières, il vendait pour acheter les fermes de l'Epalley et de la Lèverie, il vendait pour acheter un groupe de maisons à Laval."

On peut d'ailleurs se demander si, devant les difficultés de la société, il n'envisageait pas une faillite prochaine, ce qui expliquerait peut-être sa tendance à spéculer sur les actions pour se constituer un capital foncier d'une part, et son intérêt pour d'autres gisements miniers d'autre part : à Port-Brillet, non loin de La Lucette, mais aussi en Auvergne et même en Hongrie. Ces nouvelles affaires l'obligeaient parfois à de longues absences, laissant l'exploitation de la mine et de l'usine sans direction.

Au mois de mars 1900, il fondait la Société Anonyme des Mines de Manganèse de la Mayenne dans laquelle étaient également impliqués Messieurs Masure, Ferry et Héduit. Cette société avait pour objet l'exploitation d'un gisement de manganèse situé non loin de La Lucette à Gandonnière, sur la commune de Saint-Berthevin. La société fut dissoute en avril 1904.

Très vite ses relations avec le Conseil d'Administration devinrent difficiles, une explication qualifiée dans un rapport de "plutôt pénible", eut lieu entre le Président, Monsieur Contamine et Monsieur Herrenschmidt. Sous la menace de son éviction il se remit au travail, ouvrit le puits Georges et y découvrit le filon du même nom en utilisant une méthode d'analyse des sols alors inédite : la géochimie.

En juillet 1900 Monsieur Herrenschmidt quittait son poste d'administrateur délégué mais demeurait dans la société au titre d'ingénieur conseil. Les raisons et les conditions de ce changement diffèrent si l'on écoute l'intéressé ou les administrateurs :

Version Herrenschmidt

"L'affaire était tout à fait mise sur pied, sortie de toutes les difficultés du début, et ne demandait plus pour produire des bénéfices qu'une bonne direction et une judicieuse administration. Malgré mon traitement de 1 800 francs par mois, j'estimais que je devais me retirer dans l'intérêt de la société, et je priai le conseil de choisir un directeur qui ne devait avoir qu'à récolter ce que j'avais semé..."

Cette version semble un peu partiale et l'on a du mal à croire que l'ingénieur qui mit sur pied cette affaire, après mainte et maintes difficultés, abandonna soudainement et si généreusement à d'autres le soin de récolter les fruits de son travail. Rappelons qu'à cet instant la mine de La Lucette n'est encore qu'une mine d'antimoine, l'or n'ayant pas encore été découvert. D'autre part il semble que Monsieur Herrenschmidt soit malade.

Version des administrateurs

"Après la découverte du filon Georges, la mine devint à nouveau productive mais la si fantaisiste gestion de l'administrateur délégué persistant, il fut contraint de donner sa démission."

Version plus sèche mais peut-être plus proche de la réalité.

Après cet épisode, le conseil d'administration nomma Monsieur Theuriot aux fonctions de directeur, Monsieur Herrenschmidt gardant les fonctions d'ingénieur conseil. Selon ce dernier, le nouveau directeur pris systématiquement le contre-pied de ce qui avait été fait auparavant, congédia d'anciens contremaîtres et commit quelques erreurs qui visiblement ne lui portèrent pas chance puisqu'il fut remplacé 18 mois plus tard.

Devant ce qu'il jugeait être l'incapacité du nouveau directeur à diriger l'entreprise, Monsieur Herrenschmidt n'arrêtait pas d'intervenir auprès des ouvriers, critiquant ouvertement la direction et semant le désordre dans la hiérarchie en se substituant parfois au directeur.

Devant cette situation les relations déjà difficiles avec le Conseil d'Administration se détériorèrent encore et lors d'une réunion le 27 novembre 1900, Monsieur Herrenschmidt dut prendre *"l'engagement formel de ne plus aller à la mine, de n'avoir aucun rapport avec les employés et ouvriers afin d'assurer l'unité de direction et de ne pas compromettre l'autorité dont Monsieur Theuriot a si grand besoin pour assurer la bonne marche de l'entreprise"*.

Malgré cette interdiction, Monsieur Herrenschmidt persista dans ses interventions. Le 27 mars 1901, au cours d'une réunion du Conseil d'Administration, il fut révoqué.

Rapport du Conseil d'Administration

"Monsieur le Président fait connaître au conseil divers incidents qu'il a eu avec Monsieur Herrenschmidt, desquels il résulte pour les administrateurs présents, la conviction que Monsieur Herrenschmidt est manifestement hostile, de parti pris, à la direction que Monsieur Theuriot a imprimé à la mine et à l'usine, qu'au lieu de se tenir dans les limites de son mandat déterminées lors de la séance du 27 novembre dernier, il cherche à reprendre la direction de l'affaire..

Dans ces conditions le Conseil, considérant que les interventions et les agissements de Monsieur Herrenschmidt sont nuisibles à la bonne marche des affaires de la société, décide la révocation de Monsieur Herrenschmidt comme ingénieur conseil de la Société à partir du 1er avril 1901."

Ayant vendu ses dernières actions de la Société Anonyme des mines de La Lucette, Henri Herrenschmidt se trouvait totalement exclu de la société qu'il avait créée.

Il se retira alors dans son château de l'Esnaudières et se consacra à d'autres affaires minières et métallurgiques. Au Bas-Coudray, à quelques centaines de mètres de la mine de La Lucette, il installa un laboratoire d'essai de traitement des minerais et fonda la Compagnie Minière et Industrielle du Vanadium.

Au mois de septembre 1902, il fit paraître une annonce dans le Journal de la Mayenne promettant une prime à toute personne qui découvrirait un gisement d'antimoine ou métallique.

Alors que d'autres affaires semblaient éloigner Henri Herrenschmidt des mines de La Lucette survint alors, en juin 1903, la découverte de l'or.

A partir de ce jour, sans doute rongé par les regrets de se trouver en dehors de cette nouvelle aventure qui venait de lui glisser entre les doigts, il n'eut qu'une seule idée en tête : revenir à La Lucette.

Il s'efforça alors de maintenir la confusion dans l'esprit des gens, persistant à faire croire qu'il était *"l'inventeur de l'or en Mayenne"*, tous les moyens étaient bons, procès, articles dans la presse, impression de cartes postales avec pour légendes *"Mines d'or de la Mayenne, première découverte au Bas-coudray"*, *"Henri Herrenschmidt, ingénieur métallurgiste, inventeur de l'or en Mayenne"*.

Tous les moyens furent employés : la diplomatie, la ruse, la mauvaise foi, le désintéressement... mais en vain.

Voici résumées rapidement les grandes affaires qui mirent une nouvelle fois en relation Henri Herrenschmidt et la Société Nouvelle des Mines de La Lucette :

H. HERRENSCHMIDT

Ingénieur-Métallurgiste

LABORATOIRE INDUSTRIEL

USINE DE RECHERCHES & DE TRAITEMENTS

POUR TOUS MINERAIS

à **LE GENEST** *(Mayenne)*

Le moulin du Bas-Coudray

Description des installations de Monsieur Herrenschmidt (Avenir de la Mayenne, 3 janvier 1904).

"Le Moulin du Bas-Coudray était, avant que Monsieur Herrenschmidt en ait fait l'acquisition, un moulin à farine qu'il a transformé il y a trois ans, en moulin à minerais. C'est là que se fait le broyage des minerais.

Dans les nouveaux bâtiments, nous voyons des fours à réverbère pour la fonte du minerai ; la fabrication du gaz au bois pour alimenter un moteur à gaz de 25 chevaux ; des locomobiles pour actionner des concasseurs, des essoreuses, des compresseurs à air pour faire marcher les filtres-presse ; des chaudières à vapeur pour faire de la vapeur surchauffée ; des convertisseurs Bessmer avec les compresseurs à air ; des dynamos pour faire fonctionner fours électriques, d'autres dynamos pour les dépôts galvaniques, d'autres pour la lumière électrique ; des fours à creusets, des fours à coupelles, des ventilateurs, des cubilots, un fours oscillant pour les alliages, des bacs pour la chloruration et la cyanuration, un four rotatif avec les appareils de condensation, etc...

Une installation spéciale pour le traitement des minerais de nickel, de cobalt, vanadium et molybdène.

En outre, une installation pour la fabrication des briques réfractaires et une bibliothèque.

Tel est ce qu'on appelle le moulin du Bas-Coudray, c'est-à-dire un laboratoire industriel de recherches et de traitements, où l'on peut faire les essais sur 10, 20 ou 100 tonnes de minerai, comme cela se pratique en ce moment sur le plomb vanadium venant d'Espagne.

Cette installation unique en France n'a de concurrence en Europe que la maison Johnston, de Londres, qui vient de monter une usine analogue.

Ces deux usines ont pour but l'essai sur une échelle industrielle de tous les minerais, afin d'empêcher les aléas qui se produisent trop souvent quand on monte des usines sur les données d'analyses de laboratoire, qui sont presque toujours erronées, parce que la majeure partie du temps l'analyse de laboratoire se fait non sur une moyenne, mais sur des échantillons choisis."

Ce bâtiment abrite des fours destinés à la réduction de l'oxyde d'antimoine et au grillage des minerais. Il semblerait que Henri Herrenschmidt figure sur ce cliché en bas à gauche (avec un grand chapeau), sa tenue moins "ouvrière" et le fait qu'on le retrouve sur d'autres cartes est assez significatif

Atelier de traitement des minerais d'or, on distingue fort bien la batterie de pilons, la table d'amalgamation et la table à secousses situées au premier plan. En arrière plan sur le côté du bâtiment, sans doute un four de grillage "Herrenschmidt" avec ses tuyaux à ailettes pour la condensation de l'oxyde d'antimoine. A droite du cliché apparaît le fidèle serviteur d'Henri Herrenschmidt, jeune noir qu'il ramena d'Afrique du Sud. Juste à côté, vraisemblablement Henri Herrenschmidt

22 juin 1903 découverte de l'or

Voyant que la nouvelle société s'acheminait vers de nouvelles destinées liées à la découverte de l'or, Henri Herrenschmidt tenta de collaborer, par l'intermédiaire de son laboratoire du Bas-Coudray, à la mise au point du traitement des minerais, minerais d'antimoine dans un premier temps et minerais d'or par la suite. De nombreux courriers furent échangés entre le 14 juin 1903 et le 6 juin 1904.

Outre les aspects commerciaux et techniques, chaque lettre contenait un petit paragraphe très conciliant, visiblement destiné à amadouer son interlocuteur, en l'occurrence Monsieur Portier, nouveau Président du Conseil d'Administration de la Société Anonyme des Mines de La Lucette.

Extrait de la lettre du 11 août 1903

"Si au moment où nous devrions nous unir pour le trust nous entrons encore en guerre, tant pis. J'avais pensé que l'administration aurait reconnu maintenant l'injustice que les administrateurs de la Société m'avaient faite et qu'elle serait revenue de son erreur".

Extrait de la lettre du 3 octobre 1903

"... Je tiens à vous dire, Monsieur le Président, que je ferai tout mon possible pour aider La Lucette à son succès qui sera obtenu inévitablement par la richesse de la mine. Il faut donc laisser de côté toute sorte d'animosité et me considérer non comme un ennemi et un rival mais comme un ami dévoué à La Lucette".

Malgré des offres particulièrement intéressantes pour La Lucette, l'Ingénieur proposait gratuitement ses services, n'exigeant d'être payé qu'en cas de réussite des procédés... Toutes ses propositions se heurtèrent aux refus systématiques des administrateurs peu enthousiastes à l'idée de collaborer à nouveau avec Henri Herrenschmidt dont la forte personnalité déplaisait et inquiétait fortement.

Cette même année Henri Herrenschmidt traita quelques affaires avec la société concurrente belge de La Lucette, la Société Campine à qui il vendit ses brevets de fabrication de l'antimoine mis au point et utilisés aux usines du Genest. Il céda également sa marque de fabrique H * H utilisée depuis 1899 par la Société des Mines de La Lucette. Cette affaire eut des suites judiciaires en 1926. A cette date les dirigeants de la Société Nouvelle des Mines de La Lucette furent informés de l'existence de lingots de régule d'anti-

Une autre partie du laboratoire du Bas-Coudray, là encore la présence à droite de la photo de celui qui semble bien être le maître des lieux

Carte postale de propagande également commandée par Henri Herrenschmidt destinée à prouver qu'il est bien "l'inventeur de l'or en Mayenne". Puits foncé dans le Pré Ravat sur le domaine du Bas-Coudray où selon Henri Herrenschmidt, l'or de la Mayenne aurait été découvert pour la première fois

Autre carte postale de propagande visant à prouver que la Société des Mines de La Lucette rejetait les quartz aurifères de la mine sans se soucier de la richesse qu'ils contenaient

moine marqués H * H et commercialisés par la Société Campine, découvrant alors cet accord passé entre la société belge et Monsieur Herrenschmidt.

Le 31 janvier 1904, il fondait une nouvelle société : la Société des Mines d'or de la Mayenne, dont le siège était établi au 16 rue des Fossés à Laval. Sans doute avait-il l'espoir d'obtenir et d'exploiter une concession pour or englobant la concession des mines de La Lucette.

Quelques semaines plus tard, Henri Herrenschmidt demandait la mise sous séquestre des minerais d'or extraits de la mine. Sa demande fut rejetée par le tribunal de Laval.

En mai 1904, suite à la découverte de l'or et à la liquidation de l'ancienne société, la Société Nouvelle des Mines de La Lucette était créée.

Devant le refus de collaborer des nouveaux administrateurs, Monsieur Herrenschmidt envoya des lettres circulaires, fit afficher ce qu'il considérait comme étant ses droits sur les nouveaux minerais aurifères découverts. Il intenta alors une action en justice sur les motifs suivants : *"Les minerais d'or n'appartiennent pas à la société, mais pour moitié à la participation Marsollier, Masure et consorts et pour l'autre moitié à lui Herrenschmidt et ce, conformément à l'article 11 de la convention passée le 18 janvier 1898"*.

Le tribunal de Laval se prononça sur cette affaire le 9 juin 1904 par le jugement suivant : *"Le tribunal déboute Herrenschmidt de toutes ses demandes. Faits et conclusions : reçoit Delesalle es-qualité et en tant que de besoin les administrateurs de La Lucette reconventionnellement demandeurs. Et statuant sur cette demande condamne Herrenschmidt à leur payer la somme de six mille francs à titre de dommages et intérêts..."*.

Une fois de plus ce fut un échec mais loin de s'avouer vaincu, Henri Herrenschmidt persista et engagea une nouvelle procédure en déposant le 1er août 1904 une demande de concession pour mine d'or en son nom et associé à Léon Renault domicilié à Bourgueil (Indre-et-Loire). Cette concession englobait la concession de La Lucette avec comme argument la non connexité du minerai d'or au minerai d'antimoine (la concession de La Lucette porte sur l'antimoine et métaux connexes).

Cette demande déclencha à nouveau une opposition de la Société Nouvelle des Mines de La Lucette qui obtint gain de cause. Les demandes de Monsieur Herrenschmidt furent jugées fantaisistes et non recevables.

Cette demande de concession constitua le dernier épisode de "l'affaire Herrenschmidt". Devant ce dernier échec l'Ingénieur se consacra à d'autres affaires minières et métallurgiques.

En 1905, il semble que Monsieur Herrenschmidt ait eu quelques contacts "discrets" avec le directeur, Monsieur Normandin, pour appliquer certains de ses procédés métallurgiques à La Lucette. Cette tentative d'entente fut portée à la connaissance du Conseil par Monsieur Dumoulin, administrateur, qui la fit échouer.

En avril 1906 il fit de nouvelles propositions pour l'installation d'un four à oxyde puis proposa à la vente ses propriétés de l'Esnaudières, du Bas-Coudray et de ses installations métallurgiques.

Le 13 août 1908, il fondait la Société Anonyme des Brevets et Procédés Herrenschmidt (antimoine, arsenic, zinc, mercure).

En 1910, la société Nouvelle des Mines de La Lucette rachetait à Monsieur Herrenschmidt ses propriétés de l'Esnaudières et du Bas-Coudray pour la somme de 130 582 F.

Henri Herrenschmidt, mourût à l'âge de 64 ans le 29 octobre 1911 à son domicile de Vitré. Il fut inhumé au cimetière du Genest où la Société Nouvelle des Mines de La Lucette enfin reconnaissante, mais sans doute un peu tard, assura l'entretien de son caveau familial.

Finalement, Henri Herrenschmidt ne travailla pour la Société Anonyme de La Lucette que de 1898 à avril 1901, soit moins de quatre années. Il marqua cependant, définitivement et profondément, son passage par une personnalité hors du commun. Travailleur acharné, inventeur génial, il était comme beaucoup de passionnés particulièrement fougueux, désordonné et impulsif. Ingénieur certainement très compétent il était néanmoins mauvais directeur et mauvais gestionnaire, on lui a souvent reproché son manque d'intérêt pour les contingences économiques.

Cet état d'esprit déplaisait généralement aux administrateurs de société, hommes d'affaires avertis qui n'avaient généralement qu'une préoccupation majeure : récupérer les capitaux investis et toucher des dividendes.

La personnalité du personnage, ses échecs successifs, et le temps qui passe, ont rendu Henri Herrenschmidt sympathique, il se présente à nous comme une victime malgré lui. Aujourd'hui encore, on ressent cette sympathie souvent inconsciente dans les témoignages de certains anciens mineurs ou dirigeants de la Société qui ne l'ont pourtant jamais connu.

COMPAGNIE MINIÈRE & INDUSTRIELLE
DU
VANADIUM

Cie MINIÈRE VANADIUM & INDUSTRIELLE

SOCIÉTÉ ANONYME AU CAPITAL DE 1.800.000 FRANCS
DIVISÉ EN 18.000 ACTIONS DE 100 FRANCS CHACUNE
DONT 12.000 DE LA 1re SÉRIE ET 6.000 DE LA 2e SÉRIE

Les Actions de la 2e Série ont droit à un intérêt préalable de 4 % et sont remboursables par préférence aux Actions de la 1re Série

Les Statuts ont été déposés au rang des minutes de Me GASCOIN, Notaire à Laval, le 23 Mai 1903

SIÈGE SOCIAL à LAVAL (Mayenne)

Action de Cent Francs au Porteur

PREMIÈRE SÉRIE

N° 03.709

ENTIÈREMENT LIBÉRÉE

UN ADMINISTRATEUR, H Herrenschmidt

Laval, le 15 JUIN 1910 *191*

UN ADMINISTRATEUR, M. Sougare

Action de la Cie Minière et Industrielle du Vanadium
créée par Henri Herrenschmidt en 1910 et revêtue de sa signature

Extrait du journal L'Avenir de la Mayenne 5 novembre 1911.

"Dimanche matin est décédé à son domicile, 5 rue de Chateaubriant, à Vitré, M. Herrenschmidt, ingénieur-métallurgiste qui fut ingénieur des mines d'antimoine de La Lucette, où il signala le premier la présence de l'or.

Né à Mulhouse en 1847, M. Herrenschmidt fut un savant. Ses découvertes scientifiques en avaient fait une célébrité. C'est une grande figure qui disparaît.

Ses obsèques ont eu lieu à Vitré au milieu d'une assistance considérable. Tenaient les cordons du poêle : MM. le docteur Leroy, Bougenot avoué, Lemarchand industriel, conseiller municipal et Leguern.

L'inhumation a eu lieu au Genest mardi à 1 heure de l'après-midi. Monsieur Normandin assistait aux obsèques. Le corps a été porté de la gare au cimetière par des ouvriers mineurs de La Lucette et inhumé dans la chapelle familiale.

A Mme Herrenschmidt et à toute sa famille, nous offrons l'hommage de nos sentiments de bien sincères condoléances.

Caveau familial de la famille Herrenschmidt
au cimetière du Genest

1898-1904

Société Anonyme des Mines de La Lucette

SOCIÉTÉ ANONYME
DES
MINES DE LA LUCETTE
CAPITAL 200.000 FRANCS
ANTIMOINE
MINES & USINES
LE GENEST (Mayenne)
MARQUE DE FABRIQUE
H ★ H
SIÈGE SOCIAL
7, RUE DE CONSTANTINE, 7
ROUEN
Adresser les Lettres et Télégrammes
au Directeur
LE GENEST (Mayenne)

CRÉATION DE LA SOCIÉTÉ

Les faits relatés sont encore extraits du rapport sur les origines de la société.

"Dès que le contrat fut signé avec Messieurs Marsollier, Masure, Ferry et Héduit, Monsieur Herrenschmidt se mit à l'œuvre mais l'argent lui manquait ; c'est alors qu'il eut l'occasion de parler à Monsieur Contamine directeur de Monsieur Du Boullay distillateurs d'alcool à Rouen, du contrat qu'il venait de signer et qu'il intéressa à son entreprise. Il céda à Monsieur Contamine 1/4 du bénéfice du droit d'exploitation qu'il venait d'acquérir contre huit mille francs en espèces. Avec ces huit mille francs il fit quelques travaux mais il se trouva vite dépourvu et il céda de nouveau à Monsieur Contamine un autre quart pour vingt mille francs. Monsieur Contamine pour diminuer son risque rétrocéda à divers amis 35 % de ce qu'il venait d'acquérir ; pour la commodité du partage il fit 48 parts, il en garda 31 et céda :

- 4 parts à Monsieur R. Du Boullay
- 8 parts à Monsieur Houdoy
- 2 parts 1/2 à Monsieur Maurice Contamine
- 2 parts à Monsieur Heyndrickx
- 1/2 part à Monsieur Béasse

Voilà donc Monsieur Herrenschmidt en possession de 20 000 francs pour continuer ses travaux de recherches, il s'y emploie de toutes ses forces jour et nuit, dormant quelques heures sur un lit de camp dans une remise que lui prêtait Monsieur le Curé du Genest, mangeant à la diable, déployant enfin une activité extraordinaire qui s'est maintenue pendant toute l'année 1898 ; en même temps qu'il poursuivait ses travaux de recherche par galerie, par sondages et par puits, il présentait la demande de concession signée de Messieurs Marsollier, Masure, Ferry, Héduit et de lui-même et pressait Monsieur Contamine de constituer la société.

A cet effet les 12 et 14 avril 1898 fut signé entre les différents intéressés un sous-seing privé enregistré à Lille le 16 avril 1898 les rendant propriétaires du droit d'exploitation, des travaux faits, du minerai sur le carreau et du matériel sur chantier dans les proportions suivantes :

- M. Herrenschmidt pour	*197/400 ème*
- M. G. Contamine	*124/400 ème*
- M. R. Du Boullay	*24/400 ème*
- M. Houdoy	*32/400 ème*
- M. M. Contamine	*10/400 ème*
- M. Heyndrickx	*8/400 ème*
- M. V. Masure	*3/400 ème*
- M. A. Béasse	*2/400 ème*

C'est ce droit d'exploitation, ces travaux de recherches, ce minerai sur le carreau et le matériel qui fut évalué à 200 000 F et qui constitua l'apport des huit fondateurs.

La société fut faite le 1er mai 1898 au capital de 200 000 F représenté comme il est dit plus haut et

Portrait de la mystérieuse Lucette qui figurait sur le menu de la fête de Sainte Barbe en décembre 1898.

chacun des fondateurs eut autant d'actions qu'il avait de parts, ainsi :

- M. Herrenschmidt pour	*197 actions*
- M. G. Contamine	*124*
- M. R. Du Boullay	*24*
- M. Houdoy	*32*
- M. M. Contamine	*10*
- M. Heyndrickx	*8*
- M. V. Masure	*3*
- M. A. Béasse	*2*

Le jour de la fondation de la société Monsieur Herrenschmidt vendit 25 actions pour la somme de 25 000 F.

Les administrateurs de la société furent :

- M. Herrenschmidt, Administrateur Délégué aux appointements de 1 800 F par mois

- M. G. Contamine, Président

- M. R. Du Boullay, Administrateur

- M. Houdoy, Avocat Conseil

- M. Heyndrickx, Administrateur

En fait toute l'administration de l'affaire fut dans les mains de Monsieur Herrenschmidt.

A l'issue du premier conseil un contrat de consignation pour la vente des produits de la mine fut consenti par la Société des Mines de La Lucette à Messieurs Masure, Ferry et Héduit qui devinrent ainsi les vendeurs à commission des produits de la mine et plus tard ses banquiers.

Si Monsieur Herrenschmidt avait une telle hâte de former la société avant même que la concession ne fut accordée par l'Etat, c'est qu'il avait de pressants besoins d'argent et il ne songea plus dès lors qu'à monnayer ses actions.

Son activité dans les travaux de recherche ne diminua pas, au contraire, mais elle eut deux objets, l'ouverture de la mine et le surchauffage des actions.

Quinze jours après il écrivait des chants de victoire ! La mine venait si bien qu'il ne cèderait plus une seule action à moins de 2 500 F, huit jours plus tard, c'était 5 000 F, puis 10 000 F, puis 12 500 F, puis 18 000 F. Il envoyait à Rouen et à Lille comme échantillons des blocs de minerai de 30 et 40 kg, c'était le pactole.

Avant la publication du décret de concession, un permis administratif de tirer parti des produits de recherche avait été accordé à la société en septembre 1898.

Le 1er avril 1899, le décret de concession, signé du Président Loubet, était publié en ces termes :

Art. 1 : Il est fait concession à Messieurs François Alphonse Marsollier et Madame Alphonsine Duchesne son épouse, Messieurs Masure, Ferry et Héduit et Monsieur Henri Herrenschmidt, des mines d'antimoine et autres métaux connexes, comprises dans les limites ci-après définies, commune de Le Genest, Olivet, Saint-Isle et Saint-Berthevin...

1898-1899

Débuts de l'exploitation de la mine du Genest

Les deux premières années d'exploitation sont consacrées à l'organisation des travaux miniers et la mise en route de l'usine.

Les premiers travaux miniers débutent par une galerie inclinée creusée à partir de l'affleurement du filon dans la carrière de Monsieur Marsollier. Cette galerie reconnaît les filons Henri et Masure suffisamment riches pour justifier le fonçage du puits Minot situé au nord-est du carreau. L'extraction se fait au moyen d'un câble accommodé sur un jeu de poulies et tiré par un cheval à qui on a aménagé un chemin de tirage de 50 à 60 mètres de long. Plus tard ce puits sera muni d'un chevalement en bois et foncé jusqu'à 71 mètres de profondeur. Ce puits permet de reconnaître une série de filons : Masure, Henri, filons C, K, 2, 3, 4, 5 et 6.

Les premiers essais de traitement métallurgique sont, semble-t-il, très laborieux à en croire le rapport anonyme déjà cité, peu complaisant à l'égard de Monsieur Herrenschmidt :

"Dans un premier temps (avant constitution de la société) diverses tentatives de transformation du minerai furent faites, le minerai fut transformé en crudum puis le crudum en régule affiné par une seconde fusion en creuset. 1 295 kg furent produits et vendus 90 F les 100 kg mais ceux-ci coûtaient plus du double et cette méthode fut abandonnée.

Le 21 novembre 1898, la première vente des produits de La Lucette était effectuée à Messieurs Chenal, Ferron Douillet et Cie : 5 148 kg de crudum à 45 F les 100 kg. La vente de crudum étant peu rémunératrice il fallu chercher d'autres procédés.

Tous les procédés décrits dans la littérature furent essayés puis abandonnés.

La littérature n'ayant rien indiqué de pratique il fallut inventer, c'est là que commença la mise en marche du water-jacket. Il contenait 8 tonnes de minerai et 25 à 30 % de coke. La puissante soufflerie poussait dans la masse des torrents d'air ; des torrents d'oxyde s'engouffraient dans les petites chicanes qui, insuffisantes, n'en retenaient pas 10 % le reste s'échappait dans l'air et couvrait les métairies voisines d'un joli manteau blanc rosé, bref, ce procédé n'avait pas rendu après 15 jours plus de 10 % du métal confié à l'appareil, il fallut encore une fois essayer autre chose.

C'est encore le water-jacket qui fut chargé de la nouvelle expérience, on le chargea de minerai n°1, de rognures de fer blanc ou de minerai de fer et de sel de soude, on tira du métal ferreux à 75/78 % ; on l'affina dans des fours à réverbère avec de la soude, du sulfate de soude ou du sel marin et du sulfure fondu et on en fit un régule de bonne qualité, mais au bout de quelques semaines une fuite d'eau se déclara dans l'appareil et la paroi en tôle rougit, le sulfure en fusion mangea une partie de l'enveloppe intérieure et mit le water-jacket hors de service.

Comme les fours à réverbères avaient été construits à la diable et qu'ils foiraient dès la deuxième ou troisième opération on construisit un four en fonte à double paroi, dans l'intérieur circulait un courant d'eau, il devait faire merveille, hélas la masse qui lui était confiée ne voulait pas fondre, il fallut le démolir et chercher autre chose.

C'est alors qu'avec plus de soins fut construit un vrai four à réverbère sur sol bétonné avec de vraies briques réfractaires et sur un plan que Monsieur Contamine s'était procuré aux usines Malétra.

C'est ce modèle de four qui a servi jusqu'au jour de la mise en marche de la nouvelle usine, son rendement était de 75 à 78 % de métal raffiné.

L'administrateur délégué se trouva satisfait et porta ses soins à la confection de fours à oxyde pour remplacer les fameuses chicanes du début, le tâtonnement fut moins grand, Monsieur Contamine en suggéra l'idée et avec sa collaboration et celle de Monsieur Houdoy on construisit des jeux d'orgue qui sont restés en place jusqu'à l'ouverture de la nouvelle usine. Les rendements furent bons et l'oxyde fut de bonne qualité. Tel était l'état de l'usine fin 1899".

En 1899, 2 226 tonnes de minerai tout-venant (n°3) furent extraites de la mine, provenant principalement des filons Henri, C et Masure et des bures K et C.

Travaux miniers

Bures et puits	146,36 m
Galeries	370,31 m

Effectifs de la société fin 1899

Extraction, triage, lavage du minerai	120
Fonte et oxydation	50
Emétique	2
Charpentiers	2
Maçons	2
Comptable	1
Conducteur de travaux	1
Ingénieur des mines	1
Total	179

1900

MINE

En 1900 commencent les travaux de fonçage du puits Georges et c'est le 12 juin que sera découvert ce nouveau filon particulièrement riche.

L'emplacement de ce puits ne fut pas choisi au hasard, comme le prétendent certains auteurs, mais selon une méthode bien connue aujourd'hui des prospecteurs : la prospection géochimique.

En effet, bien avant que cette technique ne fasse partie de la panoplie du parfait prospecteur, Monsieur Herrenschmidt l'utilisait déjà sans en connaître le nom et sans savoir que sa méthode serait un jour universellement reconnue : afin de déterminer l'emplacement possible d'un filon, l'ingénieur faisait creuser une série de petits puits de faible profondeur et analysait systématiquement les terres prélevées au fond de ces trous qui donnaient des résultats positifs croissants au fur et à mesure que l'on s'approchait d'un filon. Ainsi fut déterminé l'emplacement du fonçage du puits Georges qui rencontra la tête de ce filon à une dizaine de mètres de profondeur.

Cette même année un nouveau directeur est nommé : Monsieur Theuriot. Celui-ci est en total désaccord avec Monsieur Herrenschmidt qui s'oppose par tous les moyens à la réalisation des plans proposés par le Directeur.

Cette attitude lui vaut sa révocation en avril 1901. Henri Herrenschmidt est remplacé au Conseil d'Administration par Henri Portier, Ingénieur à la Compagnie des Mines de Courrières.

Après le départ de Monsieur Herrenschmidt, Monsieur Theuriot peut alors appliquer ses plans exposés dans un rapport du 10 septembre 1900.

Ce rapport indique une certaine incompétence dans le domaine géologique, incompétence largement soulignée par divers géologues à qui le rapport fut soumis. Il en est de même en matière d'exploitation minière. Bien qu'amis de Monsieur Herrenschmidt, ces ingénieurs sont unanimes pour critiquer les projets d'exploitation en particulier le fonçage du puits Sainte-Barbe dont le coût est très sous-estimé. L'avenir leur donnera raison puisque ce puits foncé et armé à grands frais sera abandonné quelques années plus tard.

Les faits donnèrent en partie raison à Monsieur Herrenschmidt et Monsieur Theuriot sera contraint de démissionner en 1902 pour céder la place à Monsieur Normandin, Ingénieur de l'Ecole Centrale qui dirigea l'exploitation du 1er avril 1902 à 1913.

Usine de traitement des minerais construite en 1898. On distingue très bien les tours à coke des fours de grillage destinées à condenser l'oxyde d'antimoine contenu dans les fumées

1901

Le fonçage du puits Sainte-Barbe débute le 2 janvier, suspendus au mois de mai en raison de venues de gaz carbonique, les travaux reprendront au mois d'août.

Le 28 février, les 215 ouvriers de la mine et de la fonderie se mettent en grève, ils demandent le renvoi du Directeur. Les ouvriers reprendront le travail le 4 mars après avoir obtenu la réduction de 50 % des amendes infligées en cas d'absences non motivées.

Au mois de mai, d'importantes chutes de pluie font déborder le ruisseau de La Chalottière dont les eaux se déversent dans le puits Georges, interrompant les travaux. Ceux-ci reprendront quelques jours plus tard.

Au mois de juin, le puits Georges est équipé d'un chevalement en bois et d'un treuil d'extraction à vapeur en remplacement du treuil à bras.

Au mois d'octobre, la jonction entre le puits Sainte-Barbe et le puits Minot est effectuée par un travers-banc au niveau 71.

Etant donné la situation économique dans laquelle se trouve la société, aucune gratification n'est accordée aux ouvriers à l'occasion de la fête de Sainte-Barbe.

La production de minerai est principalement assurée par des abattages dans le filon Henri jusqu'au mois de juillet puis relayée progressivement par ceux du filon Georges.

Les traçages dans le filon Georges mettent en évidence, malgré son irrégularité, la richesse du filon avec des puissances atteignant parfois 1,40 m de stibine pure (minerai n° 1) et 1,80 m de minerai n° 2.

Trois nouveaux filons ont été recoupés par le travers-bancs du puits Minot, les filons n° 2, n° 3 et n° 4.

Traitement des minerais

Le classement à sec des minerais avec un trommel est remplacé par un crible Coxe qui assure simultanément le lavage et le classement.

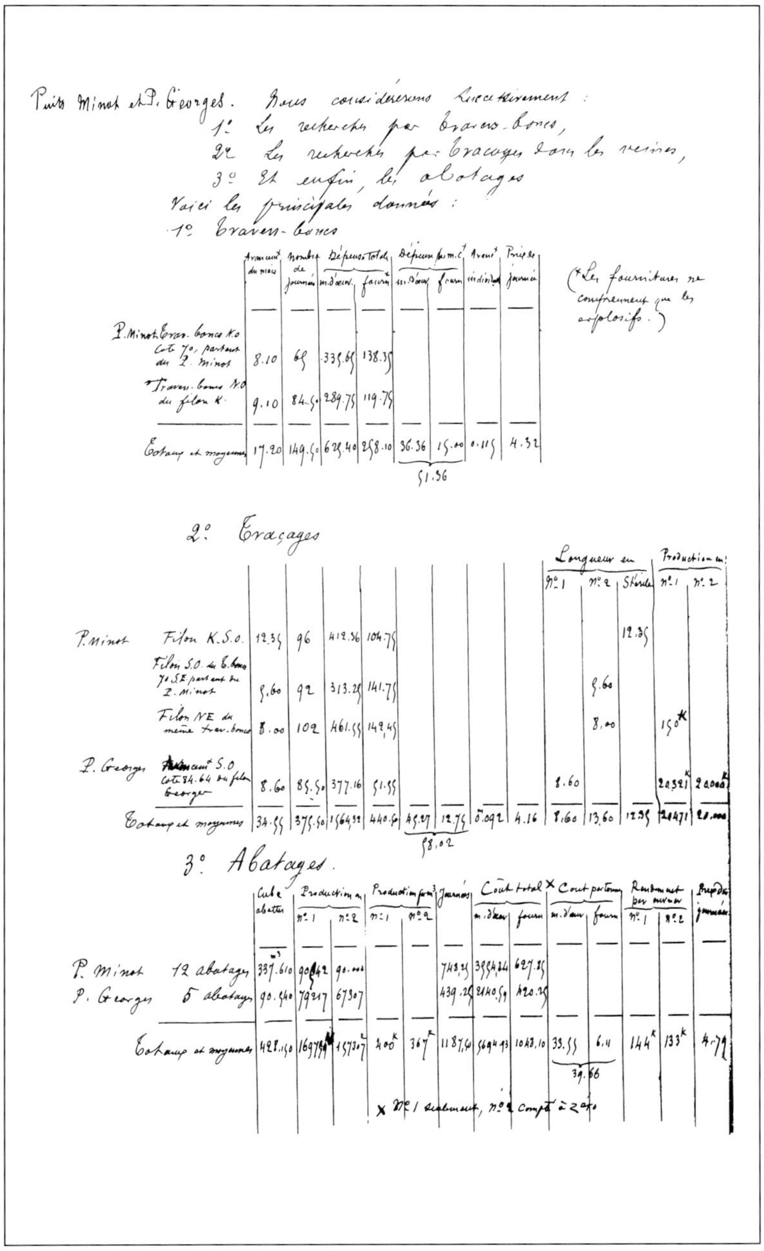

Puits Minot et P. Georges. Nous considérerons successivement :
1° Les recherches par travers-bancs,
2° Les recherches par traçages dans les veines,
3° Et enfin, les abatages
Voici les principales données :
1° Travers-bancs

	Avancement du mois	Nombre de journées	Dépenses totales m. d'oeuv.	Dépenses totales fourn.*	Dépenses par m.c. m. d'oeuv.	Dépenses par m.c. fourn.	Avancement individuel	Prix de journée
P. Minot Trav.-bancs N.O. Cote 70, partant du P. Minot	8.10	65	335.65	138.35				
Travers-bancs N.O. du filon K.	9.10	84.50	289.75	119.75				
Totaux et moyennes	17.20	149.50	625.40	258.10	36.36	15.00	0.115	4.32
					51.36			

(* Les fournitures ne comprennent que les explosifs.)

2° Traçages

									Longueur en n° 1	Longueur en n° 2	Longueur en Stérile	Production en n° 1	Production en n° 2
P. Minot	Filon K.S.O.	12.35	96	412.36	104.75							12.35		
	Filon S.O. du T. bancs 70 S.E. partant du P. Minot	5.60	92	313.25	141.75						5.60			
	Filon NE du même trav.-bancs	8.00	102	461.55	149.45						8.00		150k	
P. Georges	Avancement S.O. Cote 84.64 du filon Georges	8.60	85.50	377.16	51.55					8.60			20.321k	20.000k
Totaux et moyennes		34.55	375.50	1564.32	440.6	45.27	12.75	0.092	4.16	8.60	13.60	12.35	20471	20.000
						58.02								

3° Abatages.

		Cube abattu	Production en n° 1	Production en n° 2	Production par m³ n° 1	Production par m³ n° 2	Journées	Coût total m. d'oeuv.	Coût total fourn.	× Coût par tonne m. d'oeuv.	× Coût par tonne fourn.	Rendement par ouvrier n° 1	Rendement par ouvrier n° 2	Prix de journée
P. Minot	12 abatages	337.610 m³	90842	90.000			748.25	3554.34	627.85					
P. Georges	5 abatages	90.540	79217	67307			439.25	2140.59	420.25					
Totaux et moyennes		428.150	169759	157307	400k	367k	1187.50	5694.93	1048.10	33.55	6.11	144k	133k	4.79
										39.66				

× N° 1 seulement, n° 2 compté à 2 [illegible]

Extrait du rapport d'exploitation du 31 janvier 1901

Effectifs au 22 mai

Fond	150
dont 5 enfants agés de 16 à 18 ans	
Jour	40
dont 21 enfants agés de 13 à 18 ans	
Total	190

1902

Au mois de janvier, le désaccord entre Monsieur Theuriot, Directeur et Monsieur Portier, Président, est confirmé par ce rapport du conseil d'Administration :

"Monsieur le Président prend la parole pour exposer au Conseil, qu'il attribue, soit à l'insuffisance, soit à la négligence de Monsieur Theuriot la nullité des résultats actuels de l'exploitation. Il déclare que Monsieur Theuriot ne descend que deux ou trois fois par mois dans la mine, que par suite les prix de contrat sont mal établis, que les hommes travaillent peu au début du mois pour avoir un forfait plus élevé et produisent ensuite plus à la fin du mois. Monsieur le Président signale que Monsieur Theuriot a fait en novembre un achat de 30 tonnes de vieux fers à 2,50 F alors qu'il avait été décidé de ne plus en traiter sans en référer au Conseil ; il lui reproche d'avoir employé à la fonderie une partie de l'oxyde que l'on avait décidé de garder en magasin, de ne plus adresser régulièrement les analyses de minerai, de payer la main-d'œuvre 22 % plus cher qu'elle ne reviendrait à Rouen, d'avoir laissé brûler les 2 bouilleurs de son générateur à vapeur, de perdre son temps à des correspondances de détails inutiles au lieu de le consacrer à l'amélioration de l'affaire. Bref, Monsieur le Président considère Monsieur Theuriot comme usé, insuffisant, trop entier dans ses idées et impossible à diriger, il ne veut plus le couvrir. Dans ces conditions il demande son renvoi immédiat, déclarant qu'il ne veut plus correspondre avec lui."

Au mois d'avril, Monsieur Theuriot contraint de démissionner cède sa place à Monsieur Normandin, Ingénieur de l'Ecole Centrale qui dirigea l'exploitation du 1er avril 1902 à juillet 1913.

Considérant que le réseau de travers-bancs de recherche entrepris à partir du puits Minot n'a pas donné de résultat satisfaisant, Monsieur Normandin fait suspendre ces travaux ainsi que les traçages et les abattages dans les filons trop pauvres.

De ce fait, le puits Minot est désarmé, l'extraction se faisant désormais par le puits Sainte-Barbe.

Au 31 décembre 1902, les profondeurs des puits Sainte-Barbe et Georges sont respectivement de 68,93 m et 54,43 m.

La plus grosse partie de la production est assurée par les abattages et traçages du filons Georges. Les chantiers pris dans les filons n° 2 et n° 3 du puits Minot sont arrêtés à partir du mois de mai.

1903

Le 23 février 1903, Monsieur Contamine démissionne de la Présidence du Conseil d'Administration pour raison de santé, il est remplacé par Henri Portier qui présidera aux destinées de la société jusqu'en décembre 1940.

En juin 1903 intervient un événement qui va bouleverser la société mais aussi la vie de la région : de l'or est découvert, associé aux minerais d'antimoine.

Notons qu'en cette année 1903, la situation financière de la société n'est pas brillante et les perspectives que laissent entrevoir ces nouvelles ressources justifient la mise en liquidation de la Société Anonyme des Mines de La Lucette et la création d'une nouvelle société : La Société Nouvelle des Mines de La Lucette, celle-ci sera fondée en avril 1904, signifiant un nouveau départ vers une grande aventure industrielle.

Un puits auxiliaire destiné à assurer l'extraction des produits du filon Georges est foncé en élargissant une cheminée déjà existante. Ce puits, équipé de deux cages guidées, a une section de 2,00 m x 1,40 m.

Les travaux de recherches dans le filon Henri n'ayant pas mis à jour de nouvelles réserves, les travaux du puits Sainte-Barbe sont arrêtés au mois de septembre.

Dans le filon Georges, la production subit un sérieux fléchissement à partir du mois d'août, tous les abattages se trouvant en même temps dans les zones pauvres des niveaux 58 et 43.

...el Tallier et Cie **Le Genest** (*Mayenne*). – *Mineurs avant la descente au Puits Georges*

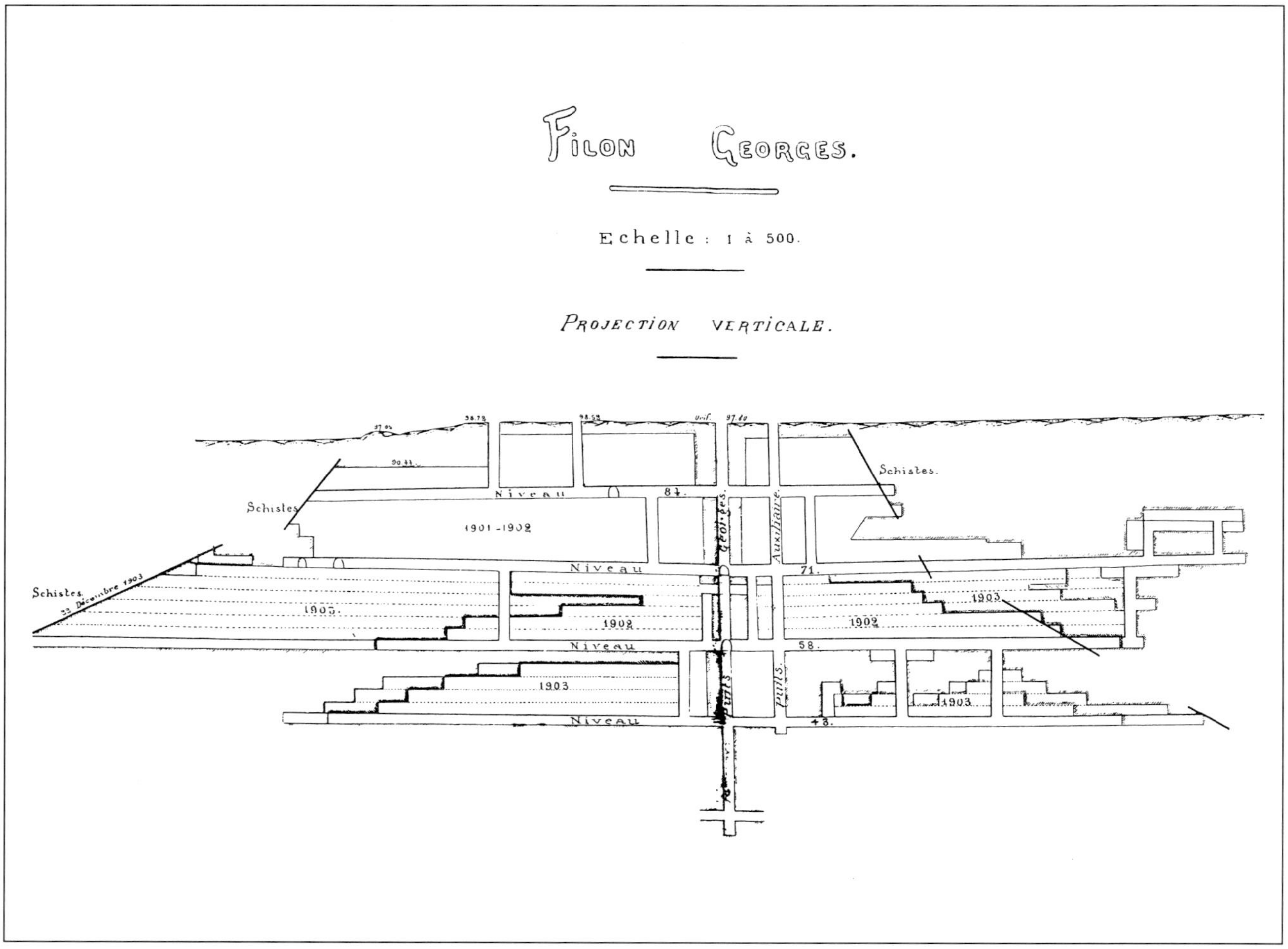

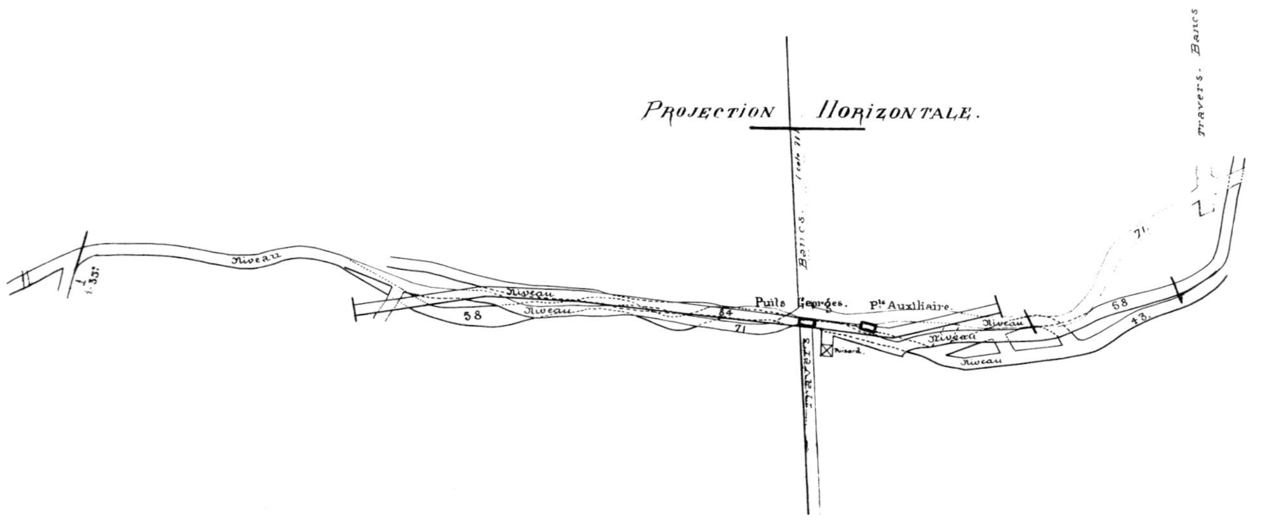

Filon Georges

Découverte de l'or

Cet événement eut un retentissement considérable pour l'avenir de la société mais aussi dans les milieux miniers français car la mine de La Lucette allait être la première mine d'or française à être exploitée dans des conditions économiques satisfaisantes. Cette nouvelle fut en partie à l'origine de la véritable ruée qui se produisit dans certaines régions où dès 1905, plusieurs gisements furent mis en exploitation en particulier à La Bellière (Maine-et-Loire), au Châtelet (Creuse), puis quelques années plus tard à Salsigne (Aude), à Chéni (Haute-Vienne)... pour ne citer que les plus importants.

CIRCONSTANCES DE LA DÉCOUVERTE

"C'est le 23 juin 1903 qu'un employé du laboratoire, Monsieur Pautrat, qui, depuis son entrée au service de la société était taquiné par l'idée de rechercher l'or dans le quartz, effectua les premiers essais pour or et eut l'agréable surprise de trouver le précieux bouton au fond de sa coupelle. Par une curieuse coïncidence, un ou deux jours après, la Metallgesellschaft de Francfort qui achetait l'antimoine à La Lucette avertissait la société qu'elle eut à rechercher de l'or dans ses minerais car un essai de laboratoire lui avait révélé la présence du métal précieux dans les lingots de régule qu'elle avait reçus."

Tels sont les faits rapportés par Monsieur Marquet, Ingénieur de la mine dans les colonnes du journal "L'information" du mois d'avril 1913.

Le 10 août 1903, en réunion du Conseil d'Administration, le Président Portier apporte les précisions suivantes :

"Monsieur Pautrat avec la collaboration de Monsieur Braillon a informé la direction de la présence de l'or dans les quartz provenant des galeries de La Lucette. L'analyse des scories des fours à oxyde a donné sur 5 prises d'essai les résultats suivants : 40, 70, 76, 80 et 80 grammes à la tonne. Ces essais ont été contrôlés par le laboratoire de l'Ecole des Mines qui a trouvé les teneurs suivantes :

40 g dans le minerai n°2 du puits Georges
60 g dans le quartz du puits Georges
20 g dans le minerai n°1
13 g dans les scories des fours à oxyde
12 g dans les stériles de la laverie mécanique
8 g dans les stériles du puits Georges
8 g dans les stériles du puits Minot.

Le Conseil, tout en se félicitant de cette découverte fort intéressante estime qu'il y a lieu de poursuivre les analyses des différentes couches et nature de minerai et de faire analyser également le métal brut et étoilé ainsi que les oxydes."

Mais était-ce vraiment une découverte ? Il semble

Suite à la découverte de l'or, de nombreux journalistes se rendirent sur place et rédigèrent de nombreux articles pour les journaux nationaux et régionaux. L'un d'eux, rédacteur au Populaire de Nantes publiait le témoignage d'un habitant du Genest :

"De l'or, me disait un vieux bonhomme, un des vieux malins du pays sans doute, avec ça qu'on en trouve comme ça sur les routes. Et puis d'ailleurs c'est en Californie !

Mais objectais-je, l'antimoine pourtant qu'annonçait Monsieur Herrenschmidt, on en a trouvé de l'antimoine.

Mon interlocuteur eut un haussement d'épaule : l'antimoine ! l'antimoine ! On sait-y seulement c'que c'est. Encore une invention de leur sacré gouvernement !"

D'autres journaux affichèrent ouvertement le doute souvent suscité par la découverte de l'or, septicisme parfois évoqué de façon humoristique comme le confirme l'extrait de cet article relevé dans le journal Les Annales Politiques et Littéraires du 31 janvier 1904 :

"Des fours immenses, d'imposants appareils de lavage et de traitement des minerais s'élèvent réellement autour du Vicoin. On travaille dans les "placers" de la Mayenne. Cette vérité ne peut être mise en doute. Quant à prévoir dès à présent le résultat des travaux qu'on y exécute, c'est une autre affaire !

La découverte de Monsieur Herrenschmidt est, naturellement, ardemment discutée, déclarée sans intérêt par les uns, portée aux nues par les autres. Les analyses des chimistes et des géologues diront exactement, dans quelques temps, ce qu'il faut en penser, et si le sol de la Mayenne peut faire concurrence à l'Alaska.

S'il en était ainsi, définitivement, ce serait une chasse à l'or par toute la France. Chaque région se piquerait d'amour-propre pour avoir son petit filon. Il faudrait - comme l'insinue déjà le facétieux Zamacoïs - débaptiser tous nos départements.

Le département du Lot deviendrait par exemple, le département du Gros Lot, et celui de la Somme le département de la Forte Somme. Quant à la Mayenne, il engloberait tous les départements voisins et prendrait le nom significatif d'Or et Loir.

Et si par hasard, tous les mineurs improvisés de France et de Navarre ne découvraient pas, en dépit de leurs efforts, une once d'or pur, Monsieur Herrenschmidt n'en resterait pas moins un grand bienfaiteur national. Comme dans la fable du Vieillard et ses Enfants, les chercheurs d'or désappointés, auraient peut-être l'avantage de constater que sous leurs pioches et leurs charrues, les moissons se sont épanouies, plus magnifiques que jamais, et que, si l'on rendait ses bras à l'agriculture amputée, elle fournirait de l'or non pas en barre, mais en gerbes."

L'auteur de cet article ne croyait pas si bien dire en évoquant une possible ruée vers l'or dans les autres régions françaises puisque celle-ci eut bien lieu dès 1905, en particulier dans le Limousin et le Maine-et-Loire aboutissant à la découverte et à la mise en exploitation de plusieurs gisements.

bien qu'en étant à peine plus perspicaces ou curieux, et ceci à différentes périodes précédant cette découverte, les exploitants de la mine auraient peut-être pu découvrir la présence du métal précieux un peu plus tôt.

Examinons les éléments qui permettent d'avancer cette hypothèse :

- Dès les premiers jours de la découverte : le rapport sur les origines de la société précise ceci : *"Rentré à Rouen, Monsieur Masure envoya un échantillon à Monsieur Bruer chimiste de la maison Casthelles à la Poterie Belbeuf (près de Rouen) et lui demanda d'en faire une analyse ; l'échantillon donna 52 % de Sb et des traces d'or"*. (Premier indice négligé).

- Au début des recherches Monsieur Maudet, Ingénieur Directeur de la Mine de Pontpéan venu visiter la mine de La Lucette avait emporté quelques échantillons. Il fit connaître qu'il avait trouvé à l'analyse de ces échantillons une teneur en or de 5 g/tonne. (2e indice négligé).

- Selon certains témoignages recueillis en 1942 par Jacques Geffroy, géologue spécialiste de l'or, auprès d'anciens mineurs : *"Certains mineurs auraient déjà montré à Monsieur Herrenschmidt des paillettes dorées, et celui-ci se serait moqué d'eux en leur disant qu'il s'agissait de pyrite. Pourtant l'un d'entre eux aurait constaté que les paillettes s'aplatissaient au marteau sur l'enclume sans se briser"*. (3e indice négligé).

- Selon les affirmations de Monsieur Herrenschmidt lui-même, citées dans son procès, *"au mois de mars 1903, Monsieur Herrenschmidt faisait constater qu'il avait découvert l'existence de l'or dans les minerais considérés par La Lucette comme étant sans valeur"*. Ceci deux mois avant la découverte de Monsieur Pautrat. Cette affirmation est à prendre avec quelques précautions puisque très partiale.

- Enfin, Monsieur Herrenschmidt qui avait travaillé aux mines de Costerfield (Australie) savait que ces mines exploitaient un minerai d'antimoine aurifère, on peut se demander comment et pourquoi, pendant les quatre années durant lesquelles il dirigea la mine de La Lucette il n'eut jamais l'idée de rechercher l'or dans le minerai d'antimoine, ne serait-ce que par analogie avec le gisement de Costerfield.

Erreur ou omission étonnante de la part d'un homme qui, visiblement, ne manquait pas d'idées.

Il est évident que cette découverte provoqua quelques remous dans les sphères dirigeantes de la société. On peut facilement imaginer les remarques du Conseil d'Administration s'adressant au Directeur d'Exploitation et lui reprochant de ne pas s'être aperçu plus tôt de la présence de l'or dans ses minerais. Comme en pareils cas, le Directeur se rabat sur son subordonné direct, le Chef de Fonderie, responsable également des travaux de Monsieur Pautrat lui-même responsable de cette découverte.

Un élément révélateur de la situation a été retrouvé dans les archives, en l'occurrence une note de service datée du 2 juillet 1903 adressé par Monsieur Braillon (Chef de Fonderie) à Monsieur Normandin Directeur de l'exploitation :

"Je me permets de répondre à la note de service du 1er juillet et au blâme qu'elle contenait.

Je ne crois pas mériter aussi complètement que vous m'en faites part les reproches que vous m'adressez : le manque de franchise ne pourrait m'être reproché, je crois que sur la question des recherches de Monsieur Pautrat, je ne pense pas que j'ai pu faire autre chose que mon devoir en dehors de cette circonstance sur laquelle je vais me permettre de m'expliquer. En aucune circonstance, en effet, je ne pense pas vous avoir caché un point quelconque de la fonderie, ni avoir omis de vous signaler un détail ayant une importance.

Au sujet des recherches que Monsieur Pautrat a faites avec mon assentiment, je dois vous dire d'abord que je ne considérais pas ces recherches comme des travaux proprement dits. Je les considérais comme les analyses, sinon courantes, du moins se rapportant à la question des résidus de fonderie qui a été si souvent envisagée. Permettez-moi de vous rappeler que, à la visite de Messieurs les Membres du Conseil d'Administration, plusieurs membres du conseil m'ont dit en votre présence : - occupez-vous de la question des résidus de fonderie ; cherchez si on ne pourrait rien en extraire -. Après avoir étudié divers points, sulfures etc, je m'étais rendu compte que ces recherches n'avaient guère de chances d'aboutir, et en présence des idées de Monsieur Pautrat, je ne pouvais que l'encourager dans cette voie.

Quelle fut donc mon idée à cette occasion ? Je vous dirais simplement, ce que j'ai eu l'honneur de vous dire de vive voix : je n'avais qu'une intention : être agréable à la société et lui soumettre des recherches intéressantes qui auraient démontré qu'à côté de notre travail courant, et sans le négliger, nous pouvions avoir quelques idées et démontrer que nous faisions tous nos efforts pour la prospérité de la société.

L'idée d'intérêt n'a pas été pour moi prédominante. Il est évident que je pensais à une récompense dans un avenir plus ou moins éloigné, mais mon but était surtout l'affirmation de notre travail et de nos études constantes dans l'intérêt de La Lucette".

Visiblement cette découverte n'eut pas l'effet escompté par leurs auteurs qui furent sans doute à jamais découragés de prendre toute initiative personnelle.

On ne sait pas non plus s'il y eut un rapport direct entre cette découverte et le départ de Monsieur Pautrat qui quitta la société au mois de décembre de la même année.

Création de la Société Nouvelle des Mines de La Lucette

Devant les perspectives nouvelles de développement qui s'ouvrent pour la société après la découverte de l'or et l'augmentation importante de production de minerai liée à la richesse du filon Georges, il est décidé dès 1903 de créer une nouvelle société au capital plus important.

Après deux assemblées générales constitutives, la Société Nouvelle des Mines de La Lucette est fondée le 25 avril 1904. Dans un premier temps, le siège social est domicilié au 81 rue d'Amsterdam à Paris, puis 50 boulevard Haussmann avant d'être transféré l'année suivante au 4 rue de Rome à Paris où il demeurera jusqu'en 1994.

Le capital social initial fixé à 2 250 000 F est divisé en 22 500 actions de 100 F chacune dont 11 000 destinées à rémunérer les apports et 11 500 à souscrire.

L'article 2 des statuts précise l'objet de la société : *"1 - la recherche, l'obtention et l'exploitation de toutes concessions minières, ainsi que l'exploitation de toutes autres richesses minérales sur tout le territoire français (y compris les colonies et protectorats), et notamment dans le département de la Mayenne ; la vente et l'achat de tous minerais ; la transformation de tous minerais, provenant ou non de terrains appartenant à la société, soit en métal pur, soit en tous autres produits dérivés quelconques ; 2e l'acquisition, la location et la vente de tous terrains utiles à son objet ; la construction, l'achat et la vente de toutes usines ; 3e toutes autres opérations immobilières, industrielles ou commerciales se rattachant d'une manière quelconque aux industries précitées, ou pouvant en faciliter l'extension ou le développement ; 4e toutes constitutions de sociétés, tous apports, toutes interventions, toutes cessions, toutes participations, toutes fusions, pouvant se rattacher directement ou indirectement à ce qui précède."*

Le Conseil d'Administration se compose initialement de huit membres :

- Henri Portier, Président, Ingénieur.
- Gustave Dubar, Publiciste.
- Emilien Dumoulin, propriétaire.
- Joseph Faure, Ingénieur.
- Henri Heyndrickx, Assureur.
- Marcos Pinto De Aranjo, propriétaire.
- Jules Strap, Ingénieur.
- Raymond Thilaye Du Boulay, Industriel.

Quatre d'entre eux, Messieurs Thilaye Du Boulay, Dubar, Portier et Heyndrickx exerçaient déjà des fonctions d'administrateurs dans l'ancienne société.

A la fin de l'exercice 1904-1905, suite à un désaccord avec les autres membres du Conseil, désaccord portant sur le traitement des minerais et sur la confiance à accorder au directeur de l'exploitation, Messieurs Strap, Pinto de Aranjo et Dumoulin quittent le Conseil d'Administration. Notons le départ de Jules Strap qui fut l'un des proches collaborateurs du Baron Léonino, financier qui régna en maître sur la destinée des grandes mines d'or françaises en particulier des mines de La Bellière, du Châtelet, de Chéni, Compagnie Centrale de Mines et Métallurgie... Le Baron Léonino fut pendant quelques années actionnaire de la Société Nouvelle des Mines de La Lucette, ne croyait-il pas en cette affaire ? Toujours est-il qu'en 1907 son nom ne figurait plus sur la liste des actionnaires.

Résultats d'ensemble de la Société Anonyme des Mines de La Lucette

PRODUCTION DE MINERAI

Années	n°3	n°1	n°2
1899	2 226 t	–	–
1900	4 230 t	–	–
1901	11 819 t	2 084,82 t	1 441,07 t
1902	14 545 t	2 592,24 t	1 830,29 t
1903	14 766 t	3 231,25 t	2 631,19 t
TOTAL	**47 586 t**	**7 908,31 t**	**5 902,55 t**

PRODUCTION DE L'USINE (KG)

Années	Oxyde	Régule	Crudum
1898	–	1 245	6 171
1899	5 020	335 275	3 141
1900	25 933	474 882	7 510
1901	70 501	800 803	–
1902	60 537	891 495	–
1903	90 746	1 391 466	–
1904	68 774	362 300	
TOTAL	**321 511**	**4 257 466**	**16 822**

EFFECTIFS

Exercices	Mine	Usine
1901-1902	180	35
1902-1903	164	43
1903-1904	172	43

1904

MINE

Pour plus de commodité, les étages anciennement désignés par rapport au niveau de la mer seront désormais nommés en fonction de leur profondeur par rapport à l'ouverture du puits, la cote 28 du puits Georges devient alors le niveau 70.

En raison de la baisse des cours de l'antimoine et des mauvaises conditions de travail, il est décidé d'arrêter toute exploitation dès le mois de juillet 1904, les travaux miniers étant limités à l'approfondissement des puits existants. La colonne du puits Georges est boisée entre le niveau 100 et la surface, l'ancien chevalement démonté est remplacé, l'ensemble étant achevé à la fin du mois de novembre.

Au mois de décembre, un tir de mine au travers-banc 100 ouvre une crevasse d'où l'eau s'échappe avec une telle violence que le puits est noyé deux heures après. Une semaine après l'accident il y avait encore 30 cm d'eau au niveau 70.

Le puits Georges est foncé jusqu'à 85 mètres. Les galeries tracées en direction vers le nord et le sud révèlent une puissance et une richesse comparables aux meilleurs niveaux supérieurs.

La production est assurée pendant les six premiers mois de l'année par les chantiers du filon Georges.

TRAITEMENT DES MINERAIS

Dans les premiers mois de 1904 la laverie et la fonderie d'antimoine sont utilisées pour produire une certaine quantité de régule destinée à solder quelques marchés engagés par l'ancienne société.

La construction du moulin à or destiné au traitement des quartz aurifères débute au mois de décembre.

RÉSULTATS DE L'ANNÉE 1904

Production de minerai n°3	:	10 139,00 t
Production de minerai n°1	:	1 397,91 t
Production de minerai n°2	:	2 210,28 t

Le Genest (Mayenne). — Mines de la Lucette. — Le Puits Georges, les Ecuries, la Direction

1905

MINE

Le 4 janvier, les travaux de traçage reprennent dans le filon Georges et c'est seulement le 1er février que les abattages et le fonçage des puits redémarrent avec un effectif réduit à 81 ouvriers.

La plus grande partie de cet exercice a été consacrée à l'aménagement de la mine et à son équipement mécanique. L'exploitation régulière n'a en réalité commencé qu'à partir du dernier semestre 1905.

A la fin de l'année, le puits Georges est foncé jusqu'à 123 mètres et le puits Auxiliaire préparé jusqu'à 100 mètres.

TRAITEMENT DES MINERAIS

Le moulin à or est activement monté à partir du mois de décembre 1904 et équipé de ses bassins de décantation. Il est mis en marche au mois de mai.

Parallèlement, des essais de traitement par grillage, cyanuration et chloruration des minerais d'or sont effectués par Monsieur Mac Arthur (inventeur du procédé de traitement par cyanuration). Cette méthode de traitement ne sera pas retenue.

La préparation mécanique du minerai d'antimoine se fait par des moyens de fortune avec un crible mécanique et lavage dans des bacs à mains. Grâce à cette installation, la production des six derniers mois de l'année sera satisfaisante.

Au mois de mai, les fours pour la fabrication de l'antimoine sont rallumés afin de profiter de la reprise des cours du marché de l'antimoine.

Cette même année est installée une station centrale électrique de 108 kW distribuant du 250 V continu destiné :

- à la mine pour l'extraction et l'exhaure dont toutes les anciennes installations à vapeur ont été ainsi doublées,
- à l'usine pour le bocard, la laverie, le service d'alimentation en eau, l'éclairage,...

Une dynamo de 37,5 kW est attelée à l'ancienne machine à vapeur pour marcher en parallèle avec la dynamo de 108 kW ou lui servir de réserve. Un nouveau générateur de 150 m^2 de surface de chauffe est également installé en plus de l'ancienne batterie de chaudières. Toute cette installation fonctionne régulièrement en juin 1905.

Les agissements du directeur, Monsieur Normandin, sont l'objet d'enquêtes et d'examens attentifs suite aux révélations faites par le comptable portant sur des fournitures débitées mais livrées que partiellement ou pas du tout. Quelques exemples cités par le Conseil d'Administration : *"Le moulin n'a pas reçu de*

Le premier moulin à or

mercure, et est débité de 470 F de mercure ; le moulin n'a reçu que 3 calorifères et est débité de 4 ; le moulin est débité de 80 tonnes de briquettes alors que le moulin n'a pas marché plus de 20 jours".

Par ailleurs des faits troublants sont également rapportés au Conseil :

> *"Pichory, employé de La Lucette, a été chambré deux jours dans la maison du garde lors de la visite de Monsieur le Président ; des bois de mine équarris sont achetés 115 F le m³ à Renoux, alors qu'ils sont vendus 75 F à Loiron ; il est fait des majorations de 40 m³ sur les bois de mine employés ; les transports sont théoriquement faits par Monsieur Renoux mais pratiquement par le cousin de Monsieur Normandin."*

Ajoutés à ces faits, certains éléments permettent de soupçonner une entente entre le directeur et Monsieur Herrenschmidt pour faire appliquer à La Lucette les procédés métallurgiques de ce dernier.

Toutes ces raisons amènent certains membres du Conseil, dont Monsieur Strap, à demander la démission immédiate du directeur. Cette proposition est finalement repoussée en raison de la désorganisation que pourrait provoquer un nouveau changement de direction.

Monsieur Normandin prié de fournir quelques explications sera maintenu dans ses fonctions.

Sept ans plus tard, en juin 1912 un préavis de licenciement d'un an sera signifié à Monsieur Normandin pour avoir pris, sans consulter le Conseil, des intérêts dans l'affaire de Monsieur Renoux, fournisseur presque exclusif de bois de la mine et entrepreneur de transport. Après délibération, le Conseil estimera que la position prise par Monsieur Normandin est incompatible avec ses fonctions de Directeur.

La décision de révoquer le directeur sera prise à l'unanimité, sans doute motivée et confortée par le premier épisode de l'affaire évoquée sept ans plus tôt.

RÉSULTATS DE L'ANNÉE 1905

Production de minerai n°3	:	14 766,00 t
Production de minerai n°1	:	42,58 t
Or vendu	:	89 kg
Vente d'or et produits aurifères	:	230 348,95 F
Vente de produits antimonieux	:	857 930,98 F
Solde créditeur de l'exercice	:	12 323,39 F

A gauche le puits Sainte Barbe, à droite le puits Georges

1906

MINE

Les travaux de préparation et d'exploitation se poursuivent normalement. Le filon Georges est largement ouvert et abattu. Il n'a présenté aucune variation notable par rapport à 1905, donnant sensiblement les mêmes valeurs de puissance de minéralisation réduite, c'est-à-dire la même quantité de minerai d'antimoine et la même quantité d'or par mètre carré de surface, dépilée mesurée suivant le plan du filon.

L'étage de 130 m, d'amont encore vierge, ne comporte environ que 50 m de développement. Les tailles sont concentrées au-dessus du roulage de l'étage 115 et le fonçage du puits Georges, à 170 m permet d'amorcer un nouvel étage en profondeur. Un petit treuil électrique a été installé et un second a été commandé pour accélérer les principaux fonçages en vue de l'ouverture du gisement.

Au mois d'avril le puits Auxiliaire est installé et mis en service jusqu'au niveau 100.

Avec l'extension des travaux, les moyens d'aérage deviennent insuffisants, au mois d'avril plusieurs mineurs sont indisposés par le manque d'air frais et les travaux doivent être interrompus au mois d'août dans les chantiers des puits Minot et Sainte-Barbe. Ces travaux reprendront le 1er octobre.

Travaux de recherche

- A l'est du centre d'exploitation, près de la route du Genest, une recherche faite par puits et travers-banc n'a pas donné de résultat.

- Les travaux de reprise et de reconnaissance de la région Sainte-Barbe attaqués fin septembre ont fourni une quantité appréciable de minerai et ont révélé l'existence de quelques jolies veines de stibine à 33 et 46 m de profondeur. L'importance de ces constatations fait prévoir la mise en exploitation rationnelle du faisceau reconnu en approfondissant et réarmant l'ancien puits Minot destiné à devenir un nouveau siège d'extraction.

TRAITEMENT DES MINERAIS

Une importante laverie pour l'enrichissement des minerais d'antimoine a été construite et mise en route

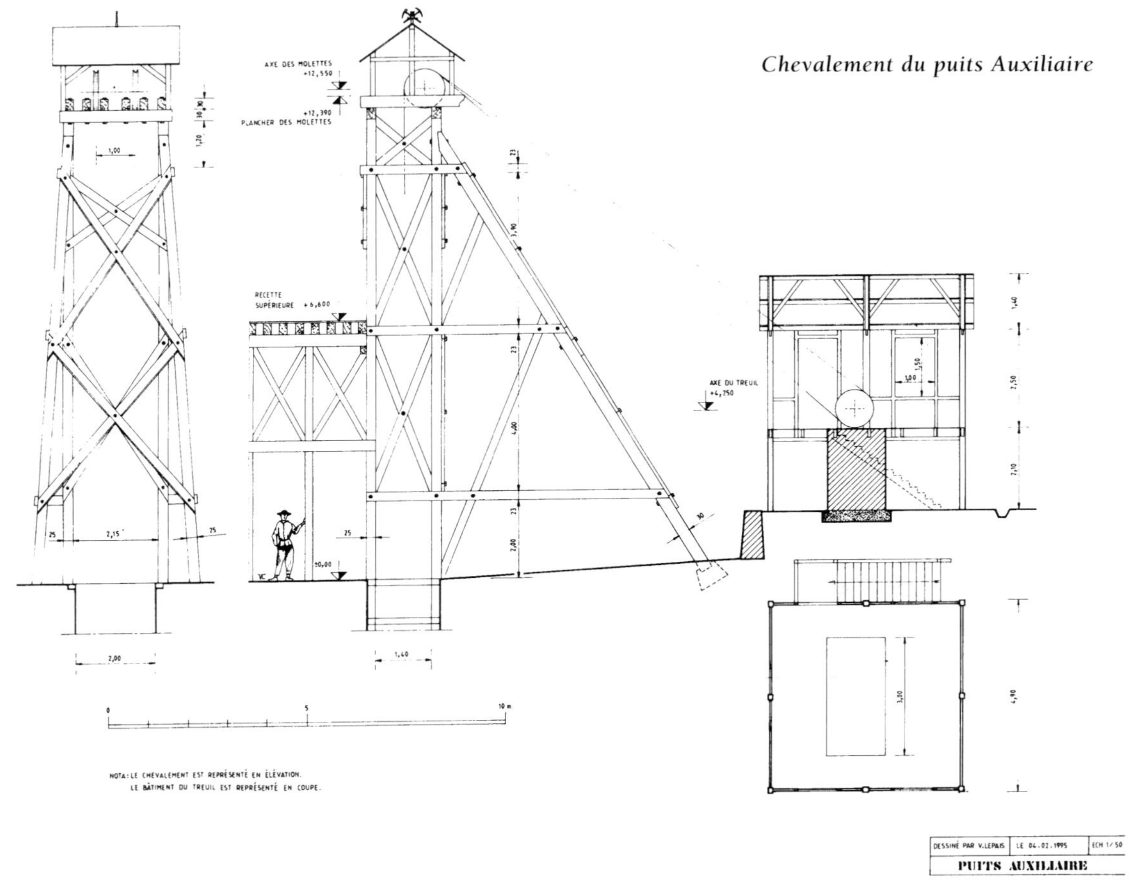

Chevalement du puits Auxiliaire

au mois de mars, elle sera arrêtée provisoirement au mois de mai en raison de défauts de construction. La production des premiers mois s'est ressentie de cette insuffisance de moyens de préparation mécanique.

La marche du moulin à or est satisfaisante et régulière : les méthodes de traitement ont été perfectionnées et le rendement en métal précieux s'est sensiblement accru, les rejets de bocard ne titrant plus que 2 à 3 g d'or.

USINE

Suite à des difficultés avec la Société Franco-Italienne de Mines et Fonderies d'Antimoine, les contrats de vente des minerais riches ont été dénoncés. La fabrication du régule a repris dès le mois de novembre avec l'ancienne fonderie. L'étude d'une importante transformation des usines métallurgiques a été entreprise pour satisfaire la demande croissante en régule et oxyde, pour remplacer les appareils trop vétustes de l'ancienne usine et pour appliquer un traitement plus approprié aux minerais extraits. Cette étude terminée fin 1906 permet d'escompter une prochaine mise en route d'une partie de la nouvelle usine.

Effectifs au 29 mars

Fond	181
Moulins	20
Fonderie	13
Divers	75
Total	446

AMÉNAGEMENTS DIVERS

Un nouveau groupe électrogène de 375 kW est mis en route au mois de mai pour alimenter en énergie et lumière les mines et usines dans de bonnes conditions économiques.

Projets pour 1907 : utiliser des locomotives électriques sur voies étroites pour la remorque des matières premières, approvisionnements et produits vendus entre les usines et un port sec à créer sur la ligne du Chemin de Fer de l'Ouest afin de réaliser des économies de transport (projet initial de Monsieur Herrenschmidt).

RÉSULTATS DE L'ANNÉE 1906

Production de minerai n°3	:	28 753 t
Or vendu	:	224 kg
Vente de produits antimonieux	:	2 420 823,70 F
Vente d'or et de produits aurifères	:	637 967,16 F
Solde créditeur de l'exercice	:	1 231 100,26 F

Puits Auxiliaire et puits Georges (1906)

1907

L'année est marquée par une chute spectaculaire des cours de l'antimoine passant de 109 livres au 1er janvier à 33,5 livres au 31 décembre.

MINE

Les travaux de préparation et d'exploitation portent sur le filon Georges. Des zones aurifères particulièrement riches sont découvertes en particulier au niveau 130.

L'étage d'exploitation inférieur est à 165 m.

Le puits Georges est foncé jusqu'à 200 m. Les recettes et machines d'extraction ont été améliorées tandis qu'une pompe Sulzer octocellulaire de 70 CV assure l'exhaure.

Un nouveau chevalement et un treuil électrique ont été installés sur le puits Auxiliaire au mois de juillet.

Après avoir exploité quelques chantiers dans les filons Henri, n° 2 et filon X, tous les travaux du puits Minot ont été arrêtés au mois de septembre.

Travaux de recherche

- L'exploitation de la région Sainte-Barbe a été activement poussée. Un nouveau filon, baptisé filon X, a été découvert à partir du niveau 33. Les filons n° 2, Henri et Masure ont été recoupés à l'étage 46, bien minéralisés en antimoine ils justifient la création d'un nouveau siège d'extraction sur le puits Minot doté d'une laverie mécanique prête pour le traitement des minerais éventuellement extraits.

- A l'étage 165 du filon Georges, un travers-banc partant du puits Auxiliaire a été tracé pour recouper en profondeur les filons de la région Sainte-Barbe en direction du puits Minot.

Effectifs mine au 31 décembre 1907

Fond	215
Jour	94
Total	309

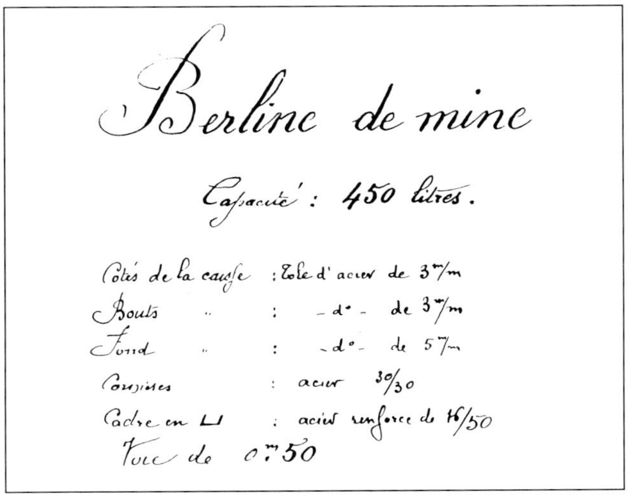
Berline de mine

Capacité : 450 litres.

Côtés de la caisse : Tôle d'acier de 3 m/m
Bouts " : - d° - de 3 m/m
Fond " : - d° - de 5 m/m
Coussinets : acier 30/30
Cadre en U : acier renforcé de 16/50
Voie de 0m50

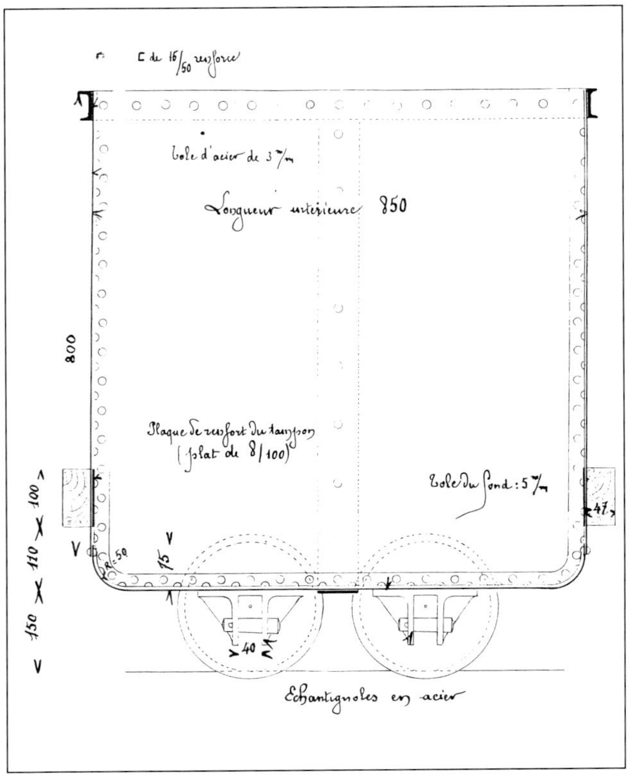

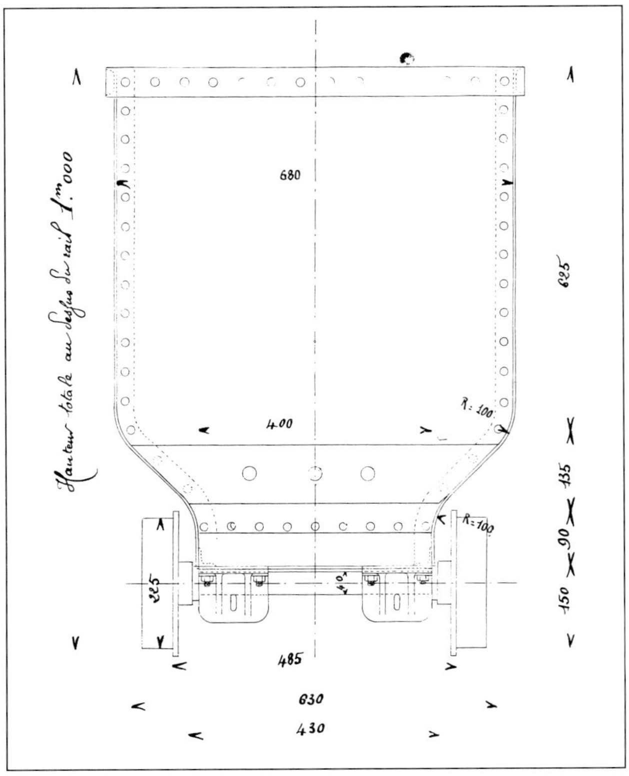

La nouvelle usine côté est

TRAITEMENT DES MINERAIS

C'est au mois de mars que la nouvelle laverie définitivement transformée est remise en service. Les installations de triage et de préparation mécanique des minerais sont aménagées et réglées pour les catégories spéciales de minerai à traiter formant un ensemble capable de passer 300 tonnes de minerai tout-venant en 24 heures.

La mise au point du moulin à or s'est poursuivie, l'amalgamation et la concentration étant enfin réglées, les minerais riches sont traités avec moins de pertes qu'auparavant.

Un second bocard a été construit, le premier étant devenu insuffisant pour passer tous les produits de l'exploitation.

USINE

La fabrication du régule et de l'oxyde d'antimoine a repris dans les installations de l'ancienne fonderie hâtivement remise en état après la dénonciation du contrat avec la Société Franco-Italienne des Mines et Fonderies d'Antimoine.

Une nouvelle usine étudiée en 1906 est mise en chantier pour assurer la fabrication du régule à un prix de revient plus économique que celui de l'ancienne installation. La construction de cette usine ayant pris beaucoup de retard, elle n'a pu être que partiellement mise en route à partir du 25 septembre.

AMÉNAGEMENTS DIVERS

L'installation du port sec avec quai de chargement et déchargement sur la ligne du Chemin de Fer de l'Ouest est achevée, la traction entre ces quais et les usines se fait par locomotives électriques à trolley de fabrication Thomson-Houston.

Une nouvelle dynamitière, des vestiaires et des lavabos pour les mineurs et les ouvriers métallurgistes ont été construits ainsi que deux maisons d'habitation pour les contremaîtres.

RACHAT DES REDEVANCES

Les 18 et 19 janvier 1898, quand fut signé le contrat entre Messieurs Marsollier, Masure, Ferry, Héduit et Monsieur Herrenschmidt pour la mise en exploitation du gisement, il ne fait pas de doute qu'aucun d'entre eux n'envisageait un tel développement de la société et encore moins la découverte de l'or.

Outre les différents accords organisant la gestion de l'exploitation, cet acte déterminait également les redevances dues par l'exploitant (Monsieur Herrenschmidt) aux inventeurs et propriétaires du gisement (Messieurs Marsollier, Masure, Ferry et Héduit) :

Un autre accord passé dans cet acte serait resté insignifiant et sans conséquence s'il n'y avait pas eu la découverte de l'or : "*Si dans le courant de l'exploitation, des matières utilisables autres que la pierre et l'antimoine étaient mises à jour, elles restaient pour moitié la propriété de Monsieur Herrenschmidt, l'autre moitié revenant à la participation Marsollier, Masure, Ferry et Héduit*". On peut imaginer les conséquences de cet accord puisque 50 % de l'or extrait de la mine revenait à ces derniers.

Pour les deux premières années d'exploitation, période d'installation plus que d'exploitation, cette somme se montait à 104 888 francs, en 1906 c'était la coquette somme de 540 338 francs qui était versée, alors que l'extraction de l'or débutait à peine, tandis que pour les quatre premiers mois de l'année 1907 la valeur des redevances atteignait déjà 450 000 francs !

Après quatre mois de négociations et plusieurs propositions, un accord intervient le 17 mai 1907 entre le Conseil d'Administration de la Société Nouvelle des Mines de La Lucette.

Cet accord prévoit

- Avec la Société Civile pour le Recouvrement des Redevances (pour le compte de Messieurs Masure, Ferry et Héduit) : le versement d'une somme de 1 250 000 F et l'attribution de 2 500 actions de 100 F dont la valeur en bourse était déjà de 800 F.

- Avec la Société de Redevances Minières et Participations (pour le compte des époux Marsollier) : le versement d'une somme de 3 600 000 F.

Soit au total une somme de 4 850 000 F couverte par une augmentation de capital de 900 000 F réalisée par la création de 9 000 actions de 100 F.

C'était une petite fortune que venaient de percevoir messieurs Marsollier, Masure, Ferry et Héduit qui devaient, en ce jour de mai 1907, remercier Monsieur Masure d'avoir été à la pêche un certain dimanche de mars 1981.

Monsieur Masure mit à profit l'acquisition de ses actions pour entrer au Conseil d'Administration de la Société Nouvelle des Mines de La Lucette dès 1908 où siégera jusqu'à sa mort en 1915.

RÉSULTATS DE L'ANNÉE 1907

Production de minerai n°3	:	45 118,000 t
Production de minerai n°1	:	4 141,071 t
Production de minerai n°2	:	5 345,358 t
Quartz aurifère	:	10 130,840 t
Or produit		214,018 kg
Or vendu	:	421 kg
Vente de produits antimonieux	:	2 629 061,93 F
Vente d'or et de produits aurifères	:	1 050 379,08 F
Solde créditeur de l'exercice	:	1 324 910,17 F

1908

Pour faire face à la chute des cours de l'antimoine, liée à l'arrivée massive et à bas prix du minerai chinois, une entente est envisagée entre les différents producteurs d'antimoine européens. Plusieurs réunions ont lieu entre les dirigeants de La Lucette, de la Société Cookson, des Mines de Méria (Corse) et quelques petits producteurs pour tenter de former une société ayant pour but l'achat du minerai chinois et la régularisation du marché. Ces démarches déboucheront quelques années plus tard sur la création d'une société dont les activités seront rapidement interrompues par la guerre.

Aux problèmes des prix de vente s'ajoutent des problèmes de main-d'œuvre. Devant le manque de personnel local, il est envisagé la mise en place de trains ouvriers en provenance de Rennes et de Laval mais devant les difficultés d'organisation, le projet est momentanément abandonné.

Une autre solution est envisagée : l'instauration d'un service de bicyclettes. Cette solution sera également écartée au profit d'une prime allouée au personnel désireux d'acheter une bicyclette. La prime de 2,50 F par mois pour la première année, de 5 F par mois pour la seconde année et de 7,50 F pour la troisième année, représente la valeur d'achat de la bicyclette, soit 180 F.

Cette prime ne devant être attribuée qu'aux ouvriers ayant à parcourir une distance supérieure à trois kilomètres pour se rendre de leur domicile à la mine.

MINE

Les développements en direction et en profondeur du filon Georges sont poussés au maximum. Le puits Georges et le puits auxiliaire sont accrochés à l'étage 200, celui-ci étant encore vierge. L'exploitation en aval de la cote 200 est assurée provisoirement par un plan incliné tracé au mur du gisement. Ce plan permet d'effectuer des traçages à 215 et 230 m.

Cette année est marquée par les débuts de la perforation mécanique, et l'installation d'un compresseur Ingersoll-Rand de 50 CV.

Le creusement d'un puits central à large section est entrepris. Ce nouveau siège, baptisé Henri Portier doit comporter un chevalement métallique et un équipement électrique puissant pour une extraction intensive permettant de centraliser et d'élargir l'exploitation minière.

L'aménagement du siège d'extraction par le puits Minot et de sa laverie est achevé, constituant dans la région Sainte-Barbe une mine auxiliaire de réserve dont l'exploitation pourra commencer au moment opportun.

Le travers-banc entrepris depuis l'étage 165 du filon Georges en direction des filons de la région Sainte-Barbe n'a pas encore recoupé les gîtes recherchés. Sa longueur fin 1908 est de 190 m.

Travaux de recherche

Les recherches effectuées en dehors des régions Georges et Sainte-Barbe par un réseau systématique de sondages et de petits puits n'ont rien donné, elles ont été interrompues à l'approche de l'hiver.

Effectifs au 16 mars

Fond	209
Moulins	22
Divers	346
Usine	59
Total	636

dont 70 femmes, 9 filles et 44 garçons de 13 à 18 ans

TRAITEMENT DES MINERAIS

Le nombre des flèches de bocard du moulin à or a été doublé depuis le mois de novembre, il est passé à 20. Ce doublement a été effectué en vue de traiter des minerais plus pauvres et d'améliorer les rendements.

USINE

La nouvelle usine pour la fabrication du régule et de l'oxyde d'antimoine est mise en route. Les résultats sont très satisfaisants tant au point de vue de la qualité des produits, que des prix de revient et des condi-

RÉSULTATS DE L'ANNÉE 1908

Production de minerai n°3	:	49 333,114 t
Production de minerai n°1	:	4 506,134 t
Production de minerai n°2	:	5 153,526 t
Quartz riche	:	10 072,241 t
Quartz pauvre		2 471,671 t
Or contenu dans le minerai	:	545 kg
Or récupéré	:	516 kg (94,67 %)
Or vendu	:	812 kg
Vente de produits antimonieux	:	1 365 745,66 F
Vente d'or et de produits aurifères	:	2 619 721,89 F
Solde créditeur de l'exercice	:	1 617 958,74 F

tions commerciales. Devant ce succès, il a été décidé d'augmenter encore l'importance de cette nouvelle usine, les travaux devant être achevés en 1909.

L'ancienne fonderie a été éteinte aux fêtes de Pâques 1908 mais non démantelée. Au contraire, ses fours ont été refaits à neuf avec ses approvisionnements spéciaux, pour fournir dans certaines conditions un appoint intéressant de production.

D'après les statistiques officielles, la Société Nouvelle des Mines de La Lucette a fourni en 1908 près du quart du marché mondial en régule et produits antimonieux.

Vue générale de la nouvelle usine, côté ouest (1908 environ)

1909

L'exploitation du filon Georges se poursuit normalement. Le plan incliné est achevé jusqu'à son niveau de base situé à la cote 260. Les travers-bancs tracés à 245 et 260 m n'ont pas encore recoupé le filon.

L'usage de la perforation mécanique est généralisé et un second compresseur de 82 CV installé.

Le fonçage du puits Portier se poursuit (160 m au 31 décembre 1909). Le fonçage est effectué à l'aide d'un compresseur et de marteaux pneumatiques, l'évacuation des déblais se faisant au moyen de petits treuils électriques.

L'installation définitive prévoit un chevalement métallique équipé d'une machine d'extraction à bobines de 400 CV et d'un treuil permanent de fonçage de 80 CV.

A partir de 1909, les lampes à huile dont se servent les mineurs sont remplacées par des lampes à acétylène au meilleur pouvoir éclairant.

Travaux de recherche

Le grand travers-banc poussé à partir de l'étage 165 du filon Georges vers la région Sainte-Barbe n'a pas rencontré de filon, les recherches continuent néanmoins.

Effectifs au mois de juin

Fond	273
Moulins	29
Divers	352
Usine	54
Total	708

TRAITEMENT DES MINERAIS

Les nouveaux bocards installés l'année précédente permettent de traiter des minerais moins riches. A l'atelier de concentration des pulpes une troisième série de tables à secousses a été installée à la suite des deux autres, il en résulte une heureuse amélioration des rendements.

Deux surveillants des moulins à or se sont rendus coupables de vols d'amalgame, ils ont été congédiés et une plainte a été déposée contre eux. Ils ont été remplacés par deux anciens gendarmes.

USINE

La nouvelle usine d'antimoine est rationnellement complétée et élargie par l'adjonction de nouveaux bâtiments et la construction d'une grande cheminée centrale. Des améliorations sont encore apportées aux moyens et procédés métallurgiques.

AMÉNAGEMENTS DIVERS

La puissance de la centrale électrique a été portée à 1200 kW, il est envisagé dans un proche avenir d'y adjoindre un nouveau groupe électrogène de 400 kW.

La grande grève

Cette année 1909 fut marquée par un important mouvement de grève qui dura près d'un mois. Grève très dure menée principalement par les mineurs pour obtenir une augmentation de salaire qui mobilisa les gendarmes venus protéger les ouvriers non grévistes de la fonderie. Les mineurs reprirent le travail le 12 août après avoir obtenu une prime d'avancement. Cette grève eut également pour conséquence le licenciement d'une cinquantaine d'ouvriers, licenciement justifié par l'emploi de la perforation mécanique.

La gravité des grèves est souvent ponctuée d'anecdotes amusantes, l'une d'elles est relatée par un administrateur : Monsieur Rulhmann (rapport inédit, 1977) : *"La société avait contribué à la création d'une harmonie dont tous les exécutants faisaient partie du personnel, et se dénommait "L'Espérance". L'épouse de Monsieur Normandin, le directeur, se prénommait Caroline. Or il se trouva qu'un matin, entraîné on n'a jamais su par qui, cet ensemble musical se rendit sous la fenêtre de la chambre de Madame Normandin et, en guise d'aubade, lui joua une chanson très humoristique et en vogue à ce moment-là, dont le titre était Caroline. On se doute que ce ne fut pas du goût ni de celle à qui elle était adressée, ni de son époux, bien sûr. Le lendemain de cette aventure, l'harmonie était dissoute. L'Espérance a été reformée après la guerre, limitée à une batterie de tambours et clairons."* Ce que Monsieur Rulhmann ne précise pas, ce sont les paroles de la chanson et c'était peut-être là le côté le plus croustillant de l'anecdote.

RÉSULTATS DE L'ANNÉE 1909

Production de minerai n°3	:	52 161,684 t
Production de minerai n°1	:	5 124,322 t
Production de minerai n°2	:	6 662,340 t
Quartz riche	:	9 219,903 t
Quartz pauvre		2 364,212 t
Or vendu	:	819 kg
Vente de produits antimonieux	:	1 311 490,18 F
Vente d'or et de produits aurifères	:	2 709 384,47 F
Solde créditeur de l'exercice	:	1 729 751,84 F

Extraits du journal l'Avenir de la Mayenne, Août 1909 :

"A La Lucette - Par suite du manque de travail, 20 ouvriers ayant été congédiés, le syndicat prit prétexte de ce que les remerciés étaient des syndiqués pour faire cesser le travail. 370 suivirent l'ordre qui leur était donné et, s'armant de ce qui leur tombait sous la main, frappèrent les 170 ouvriers paisibles qui entendaient continuer le travail et ne pas s'immiscer dans l'administration de l'établissement.

Des horions ont été échangés, des clôtures brisées, et, ainsi que nous le disions hier, le directeur, Monsieur Normandin, a été fort malmené.

La gendarmerie envoyée lundi est maintenant sur les lieux pour veiller au bon ordre et empêcher si possible, de nouveaux incidents."

"A La Lucette - La situation s'est aggravée.

Mercredi soir les travailleurs ont été attaqués alors qu'ils quittaient l'usine. L'un a une jambe brisée, un autre la poitrine abîmée par un coup de poing qui a fait entrer dans la chair vive le verre d'une montre placée dans son gilet.

Ce matin il a fallu plus d'une heure aux gendarmes en nombre insuffisant, pour permettre à qui voulait travailler, d'entrer à La Lucette. Une centaine d'hommes armés de triques empêchaient le passage.

Des dépêches ont réclamé du renfort un peu partout et vingt gendarmes sont partis dans la journée.

On disait que des coups de revolver avaient été tirés aujourd'hui ; espérons que c'est faux."

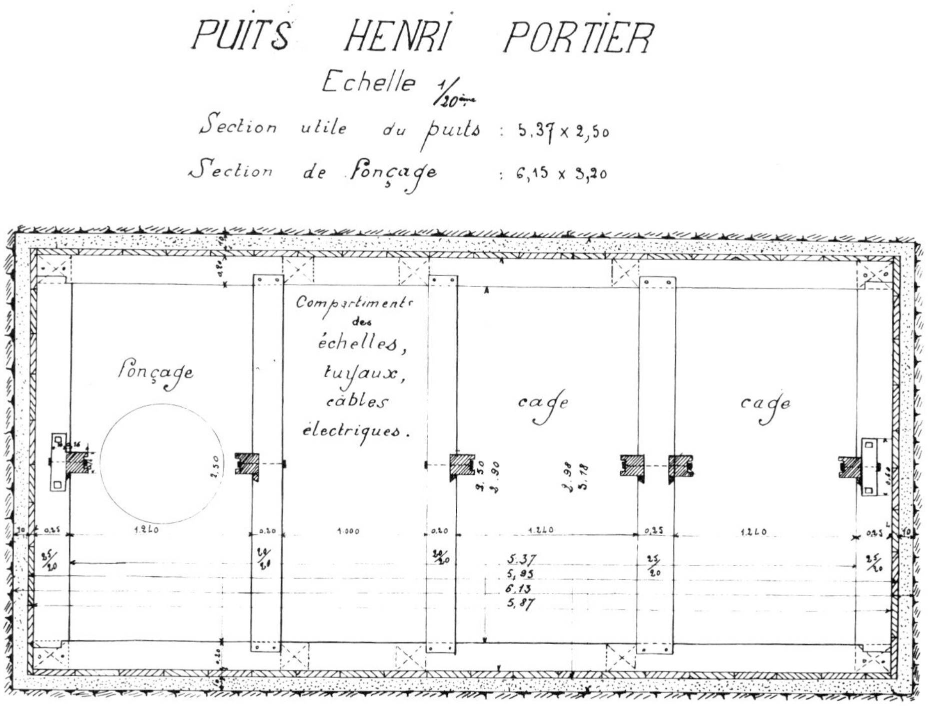

Mines de la Lucette — LE GENEST (Mayenne) - Vue d'ensemble

Mines de la Lucette. - LE GENEST (Mayenne). - Les Bocards (Ancien et nouveau Moulin à or) - Enlèvement des tailings

Vols d'or

La lutte contre le vol fut toujours un gros problème pour les dirigeants des mines d'or où le métal se présente parfois sous forme native, en masses parfois volumineuses comme c'était le cas aux mines de La Lucette. La surveillance était généralement renforcée dans les chantiers exploitant les zones riches. Des ouvriers considérés comme dignes de confiance étaient employés aux moulins à or mais malgré toutes ces précautions de nombreux vols d'or furent commis par les employés des mines de La Lucette.

A la mine, dans les chantiers, lorsque, dans certaines zones particulièrement riches, l'or se présentait sous forme de masses pouvant atteindre plusieurs dizaines, voire plusieurs centaines de grammes. Sur les tables de triage où les femmes et les enfants chargés du triage du minerai voyaient passer sous leurs yeux des morceaux d'or natif dont un seul aurait peut-être suffit pour faire vivre leur famille pendant plusieurs semaines. Enfin aux moulins à or où, malgré les grillages de protection, l'amalgame et les concentrés des tables à secousse représentaient des sujets de convoitise qui firent "craquer" les ouvriers les moins scrupuleux.

Certains voleurs ne furent pas pris, on peut dire heureusement, car quelques-uns de ces échantillons dérobés constituent aujourd'hui la richesse de certains musées et de certaines collections privées.

Pour les autres voleurs, occasionnels ou organisés, la sanction était sans appel : renvoi immédiat et la Cour d'Assises. La direction se devait de frapper fort afin que les sanctions prises à l'encontre des coupables constituent des exemples dissuasifs pour les ouvriers susceptibles de céder à la tentation.

Les débats et les jugements rendus par les tribunaux faisaient l'objet de large compte-rendus dans les journaux locaux et la salle du tribunal de Laval était généralement pleine à chacun de ces procès.

Le journal l'Avenir de la Mayenne des 8, 9 et 10 juillet 1909 relate avec détails l'un de ces procès mettant principalement en cause deux surveillants des moulins à or. Pour des raisons bien compréhensibles de respect des éventuels descendants, les noms des coupables condamnés ont été modifiés. Voici quelques extraits des compte-rendus qui occupèrent plusieurs colonnes du journal pendant trois jours.

"Cette affaire, qui a passionné Laval et ses environs, amène six prévenus devant le jury : 1er Guillaume, 40 ans, surveillant ; 2e Emile, 33 ans, chimiste ; 3e Brizard, 72 ans, rémouleur ;
4e Louise (sœur d'Emile), 48 ans, couturière ; 5e Bocéno, 43 ans, bijoutier à Rennes ; 6e Thiec, 37 ans, bijoutier à Bain-de-Bretagne.

Il y a longtemps que le bancs des accusés avait été aussi garni : les accusés l'occupent dans toute sa longueur. Les six défenseurs sont Maîtres Hamard, Ramard, Grimod, Bucquet, Deschamps et Chaplet.

Lecture de l'acte d'accusation

Au mois de novembre 1908, la Société des Mines de La Bellière fut prévenue par les directeurs du Comptoir Lyon Alemand, fondeurs à Paris que des offres de matières aurifères, paraissant provenir de son exploitation leur était faite par l'inculpé Thiec. Une plainte fut déposée au parquet de la Seine qui ouvrit une information dont les premiers résultats firent connaître que les lingots d'or offerts par Thiec lui avaient été vendus par un rémouleur ambulant dit Brizard.

Le parquet de la Seine se dessaisit alors en faveur de celui de Cholet. Brizard fut arrêté dans l'arrondissement de Redon porteur de onze lingots d'or, et une expertise apprit que la composition de ces lingots permettait de les comparer à l'or obtenu aux mines de La Lucette plutôt qu'à celui des mines de La Bellière. Munis de ces renseignements, des agents de la police mobile de Nantes procédèrent à une enquête au Genest et découvrirent que deux ouvriers, surveillants aux mines de La Lucette, les inculpés Guillaume et Emile avaient commis des vols de matière première au préjudice de la société propriétaire des mines, et qu'ils avaient dû les confier en partie à Brizard qui se chargeait de les revendre à Thiec en partie, à l'inculpée Louise sœur de Guillaume qui les écoulait chez l'inculpé Bocéno. Guillaume et Emile furent arrêtés le 20 février 1909 et une information fut à cette date ouverte contre eux et leur complice par le parquet de Laval.

Les résultats de cette information sont les suivants

Au cours des années 1906, 1907, 1908, les inculpés Guillaume et Emile ont, de concert, soustrait dans leurs services des minerais riches en or et des amalgames d'or et de mercure que Emile traitait par les procédés usités dans les laboratoires de l'usine, pour en extraire l'or pur. Cet or était ensuite remis par les accusés soit à Brizard qui le vendait à Thiec soit à Louise qui le vendait elle même à Bocéno.

En l'absence de témoignages directs, l'information n'a pu établir de façon complète le rôle de chacun des accusés, ni avec une précision rigoureuse le montant des vols. Toutefois les constatations et perquisitions permettent de spécifier que le préjudice causé à la Société atteint une vingtaine de mille francs...

Interrogatoire de Guillaume

Guillaume, surveillant raconte qu'au commencement de 1907 Emile vint lui apporter un petit bouton d'or dont il fit ensuite cadeau à sa sœur ; celle-ci le fit monter chez Bocéno. Plus tard il fit passer d'autres morceaux et reçu pour sa part 90 F sur les 200 F d'or qu'il a fournis. En pleurant Guillaume avoue que ces choses se sont terminées en septembre 1907. Depuis ce temps il a toujours des cauchemars et regrette sincèrement les faits qui l'amènent sur le banc des accusés...

Interrogatoire de Emile

Emile, surveillant aux usines de La Lucette a été condamné trois fois pour vol et escroqueries, et Monsieur le Président s'étonne que l'administration de La Lucette ait pris un pareil employé ; elle ne doit donc pas s'étonner de ce qui est arrivé.

Emile avoue qu'il a vendu 400 grammes d'or à Bocéno. Monsieur le Président lui fait observer qu'au mois de septembre suivant, il avait en sa possession 4 000 francs et qu'il a eu l'aplomb de raconter qu'il avait trouvé cette somme dans la salle d'attente de la gare de Laval...

Interrogatoire de Bocéno

Bocéno avoue avoir reçu de l'or à trois reprise de la part de Louise... Il soutient que ce n'était pas de l'or vierge. Il a vendu l'or à des individus qu'il ne connaissait pas et a opéré tout à fait de bonne foi. Il est pourtant obligé de reconnaître qu'il n'a rien inscrit sur ses livres.

Interrogatoire de Thiec

Thiec a acheté à trois reprises de l'or à Brizard en pleine confiance parce qu'il lui disait qu'il n'avait rien à craindre.

Monsieur le Président observe que Brizard ne devait pas inspirer confiance, car il était vêtu en mendiant, repoussant de saleté, et cela n'indiquait pas qu'il devait posséder de l'or...

Interrogatoire du père Brizard

Brizard âgé de 72 ans, suscite les rires de l'assistance. Il soutient tout d'abord que l'or qu'il a vendu à Thiec venait de l'Angleterre et non pas de La Lucette.

M. le Président. - A qui achetiez-vous cet or ?

L'accusé. - Je ne le connais pas.

M. le Président. - Comment s'appelle-t-il ?

L'accusé. - Il s'appelle Anglais. Quand je vais à Saint-Malo continue Brizard, je demande est-ce qu'un tel est là, on me répond oui ou non. Je ne sais pas d'où provient leur or.

M. le Président. - Vous ne pouvez pas donner de renseignements sur les marins qui vous livrent de l'or ?

L'accusé. - Ah ! Dame non.

M. le Président. - Vous faites donc des commandes ?

L'accusé. - Mais oui, j'en fait tant que j'en veux.

M. le Président. - Comment se fait-il que vous veniez si loin pour vendre votre or ?

L'accusé. - Mon cher, c'est parce que je trouvais mieux où faire des affaires.

M. le Président. - Vous avez vendu de l'or à M. Guérino, il venait du Genest cet or ?

L'accusé. - Je ne sais pas d'où il venait mais c'est la mère Bertin qui me l'a donné.

M. le Président. - Il y a un malheur, c'est que la mère Bertin est morte depuis 1904.

L'accusé. - Mais non elle n'est pas morte puisque c'est elle qui me l'a donné.

M. le Président. - Enfin vous avez dit que l'or que vous vendiez venait d'un incendie.

L'accusé. - Jamais de la vie.

M. le Président. - Vous avez reconnu participer aux vols d'or de La Lucette ?

L'accusé. - Qui c'est qui a reconnu ça, c'est des inventions.

M. le Président. - Pourquoi vous a-t-on amené à Laval ?

L'accusé. - C'est parce qu'on ne voulait plus de moi à Cholet et c'est pour me faire montrer mon or à Laval.

Le Président renvoie Brizard à sa place car il ne peut rien tirer de concluant du malin vieillard qui continue de faire s'esclaffer la salle.

Témoins à charge

Monsieur Normandin raconte la peine qu'il a eue à obtenir les aveux de Guillaume et la façon dont il s'était procuré l'amalgame.

Monsieur Chabas raconte la longue enquête qu'il a faite pour savoir d'où venait l'or trouvé sur Brizard qui ne voulut jamais dire d'où il tenait son or sinon de marins anglais.

Louise explique avec véhémence que M. Chabas s'est conduit de façon inconvenante à son égard lors de son arrestation.

M. Chabas réplique que Louise est tombée ou a fait la malade. J'ai, ajoute-t-il, envoyé chercher de l'éther et je l'ai tenue ; si c'est cela que vous appelez une conduite inconvenante...

M. Lebel, commissaire de la brigade mobile de Nantes a été chargé de l'enquête qui a identifié Brizard ; une scène des plus comiques s'est produite entre son gendre et lui ; personne ne voulait se reconnaître et il y eu un moment où le gendre doutait de l'identité de Brizard. M. Lebel continue à montrer Brizard se moquant des recherches et en arrive aux arrestations qu'il a fait opérer. Il parle de la boîte à fromage à Brizard où se trouvait cachée une pépite d'or et qu'on aurait jamais deviné une pareille cachette.

M. Guérino, bijoutier à Coulonge, a reçu de Brizard un petit morceau d'or rempli d'alliage pour réparation d'une montre. Plus tard il a reçu un petit morceau d'or dans un fromage en mauvais état. Il venait de Cholet d'après lui.

Brizard descendu dans le prétoire avoue que l'or venait du Genest.

- Pourquoi, dit le Président, avez-vous dit qu'il venait de cholet ?

- Moi, dit Brizard, je n'ai jamais dit cela..."

Suivent ensuite toute une série de témoignages mentionnant le passage de Brizard au Genest à plusieurs reprises, témoignages que l'accusé réfute systématiquement traitant les témoins de menteurs.

Audience du 8 juillet
Réquisitoire

D'une voix vibrante, le nouveau Procureur, Monsieur Demangeat, rappelle qu'avant-hier le benjamin du barreau enlevait un acquittement sur lequel il ne comptait guère. Aujourd'hui, il voit ligués contre lui non seulement le barreau Lavalois entier mais encore des talents venant de Rennes.

Semblable aux Horace et aux Curiace, il se battra mais pour que son trépas soit plus doux il sera bref : les longs discours ne produisant pas toujours l'effet attendu.

Passant en revue les accusés, le Ministère Public parle d'abord de Brizard, dont on ne peut plus se séparer quand on l'a entendu. Il a tout perdu du reste, sa voiture, son chien, son âne : il ne peut donc plus se séparer de nous. C'est un excellent homme qui servait d'intermédiaire entre Guillaume et Emile, et qui, entre deux verres, partageait l'or avec ses complices.

M. Demangeat examine ensuite les agissements de ses coaccusés qui avaient grâce à Louise, créé une double raison sociale : à Rennes chez Bocéno et chez Thiec à Bain-de-Bretagne.

Le ministère public voyant des signes de dénégations au banc des avocats, personnages qui ont, dit-il, toutes les compétences, dit qu'il va être pulvérisé par eux, mais il n'en a cure et le jury ne se laissera pas convaincre par les arguments développés en faveur des accusés.

Après avoir établi la culpabilité de Brizard malgré sa finesse et ses réparties qui ont profondément égayé l'audience, M. Demangeat soutient que Thiec, que l'on dit très honnête, du moins jusqu'à ce qu'il ait commis les faits qu'on lui reproche, a été d'une naïveté sans nom en acceptant l'or de Brizard à qui l'on aurait plutôt donné deux sous étant donné ses habits en haillons. Non, Thiec ne s'est pas conduit en honnête homme...

Plaidoiries
Maître Hamard pour Guillaume

Il défend Guillaume, tâche qu'il remplira religieusement parce qu'il s'agit d'un père de cinq enfants...

Guillaume n'a été qu'un comparse entraîné au vol par un camarade pour subvenir à ses charges de famille. Il ne gagnait pas assez, et c'est fasciné par ces fleuves d'or qui coulaient devant lui qu'il a succombé. La situation des mines de La Lucette permettait de payer davantage Guillaume dont les victimes ne sont pas à plaindre, car sa faute n'a pas ruiné la petite épargne.

Maître Hamard demande si pour avoir ramassé quelques miettes de la table d'or, Guillaume irait passer sa vie dans les prisons ? Le jury ne le voudra pas, il trouvera que Guillaume a été assez puni par ses six mois de prévention et il le rendra à sa petite famille, persuadé que le mirage de l'or ne le fascinera plus désormais.

Maître Ramard pour Emile

... Examinant la situation de Emile, il dit qu'il a été entraîné par la passion de l'or et en arrive aux lettres que lui

a adressées sa femme, qui lui déclare souffrir affreusement de son absence et lui adresse un pardon des plus touchants. Maître Ramard conclut en demandant les circonstances atténuantes pour son client.

L'audience est suspendue pendant un quart d'heure. Pendant ce temps, comme hier, une sentinelle garde l'or.

A la reprise la salle est pleine, les tribunes sont également bien garnies.

Maître Bucquet pour Louise

Louise dit-il, tient une place des plus effacée dans l'affaire si ingénieusement montée par l'accusation. Louise n'a reçu dans tout cela qu'un petit bouton d'or, qu'elle a voulu faire monter en épingle de cravate, et que Monsieur Bocéno lui a payé 8 francs. Il est vrai qu'elle a servi d'intermédiaire entre les accusés mais son rôle n'est vraiment pas grave... En terminant, Maître Bucquet demande l'acquittement de Louise.

Maître Deschamps pour Bocéno

C'est un honnête homme estimé en cette ville de Rennes. Il raconte qu'un soir, alors qu'il rentrait avec son fils, il a retiré de la Vilaine une pauvre femme qui, sans lui, allait se noyer. Ce n'est pas lui qu'on peut qualifier de receleur et de voleur parce qu'il a acheté 550 grammes d'or sur lesquels il a gagné 200 francs... En terminant, Maître Deschamps déclare ne pas faire appel à la pitié du jury, mais à sa justice, car les honnêtes gens, on ne les condamne pas, on les acquitte.

Maître Grimod pour Brizard

Il présente à l'assistance amusée son client qui n'est pas un intellectuel, mais un finaud, un madré originaire de Vendée, mais certainement né Normand, ne conduisant pas un mail-coach, mais menant un attelage composé d'un âne, d'une chèvre et d'un chien, en criant : couteaux, ciseaux, rasoirs...

En terminant, Maître Grimod soutient que l'accusation n'apporte aucune espèce de preuve, et il y a un doute dont doit bénéficier l'accusé ; du reste, il a fait six mois de prison préventive ; pour ses étrennes, il a eu un cachot, et ce n'est pas là que doit mourir le père Brizard ; il doit retrouver ses animaux qu'il aimait tant. Il doit être acquitté, tout le monde sera content et Monsieur le Procureur ne sera pas vaincu comme il le disait.

Maître Chapelet pour Thiec

Après avoir montré l'entière bonne foi de son client, Maître Chapelet demande qu'on renvoie indemne un honnête homme qui a subi de longs mois d'inquiétude, et s'adressant à Thiec il lui dit que les braves gens qui vont le juger vont le renvoyer à sa femme qu'il pourra embrasser dans peu de temps.

Verdict

Le verdict est négatif en ce qui concerne Bocéno, Thiec et Louise mais affirmatif pour Guillaume, Emile et Brizard ; des circonstances atténuantes sont accordées aux trois condamnés.

La cour acquitte Bocéno, Thiec et Louise. Elle condamne Guillaume à 18 mois de prison, Emile à 3 ans et Brizard à 2 ans de la même peine. Ce dernier ne paraît pas avoir compris.

Monsieur le Président déclare ensuite la session close et remercie messieurs les jurés de leur collaboration.

La foule s'écoule lentement en commentant le verdict. Dans la cour du palais, la sœur de Guillaume pleure à chaudes larmes en songeant que son frère reste sous les verrous.

Au moment où les jurés allaient s'éloigner on vient les prier de signer un recours en grâce en faveur de Guillaume.

Dans deux fiacres prennent place les trois acquittés, qui vont faire procéder à la levée de leur écrou à la prison et deux des condamnés. Le troisième, le père Brizard n'a pas voulu se payer de voiture ; c'est au bras d'un gendarme qu'il regagne la Cacaudière, et cela pour la plus grande joie des gamins qui lui font escorte."

1910

MINE

Les efforts portent principalement sur l'ouverture en profondeur du gisement.

Le puits Portier est foncé et boisé jusqu'à 260 m, niveau où est établie la première recette principale du travers-bancs communiquant avec les traçages les plus profonds du filon Georges.

L'armement du puits a subi quelques mois de retard par la faute du constructeur, fin 1910 il n'est donc pas encore achevé. Dans l'attente de cet achèvement, les travaux en profondeur du filon Georges sont ralentis et les abattages des niveaux supérieurs se poursuivent plus au sud, de plus la pénurie de personnel oblige l'exploitant à arrêter certains chantiers.

Il n'a été rencontré aucun changement notable dans la valeur du gîte, si ce n'est quelques zones d'enrichissement en or libre remarquables nécessitant une surveillance étroite mais difficile des chantiers afin d'éviter les vols.

L'usage de la perforation mécanique est généralisée si bien que fin 1910, il n'existe plus aucun chantier manuel. L'installation du nouveau siège Portier prévoit 4 compresseurs de 82 CV en remplacement des deux unités fonctionnant encore en 1910.

Travaux de recherche

Ils ont été plus importants qu'en 1909, mais limités en raison des dépenses importantes liées aux travaux neufs. Ils se sont concentrés aux environs immédiats du filon Georges.

Effectifs mine au 31 décembre

Fond	338
Jour	136
Total	474

TRAITEMENT DES MINERAIS

La production d'or est en baisse par suite du ralentissement des travaux miniers en zone riche.

La construction d'un troisième moulin à or et de son unité de concentration est envisagée pour traiter les minerais à plus basse teneur négligés à ce jour.

USINE

L'usine d'antimoine a été achevée à la fin du mois de février 1910. Malheureusement un incendie prenant naissance dans un dépôt de charbon de bois et aidé par un vent violent en détruisait deux travées le 30 juin. Les services organisés et le dévouement des employés ont permis de se rendre rapidement maître des flammes. Les dommages matériels ont été couverts par les assurances et les reconstructions aussitôt entreprises avec quelques améliorations pour éviter le retour de pareils incidents. Ce sinistre a cependant eu pour conséquence un chômage de plus de deux mois pour un quart de l'usine et de quelques jours pour l'ensemble de l'usine par suite de la destruction de canalisations électriques.

AMÉNAGEMENTS DIVERS

L'une des grosses difficultés de l'année 1910 a été la pénurie de main-d'œuvre tant à la mine qu'à l'usine. L'irrégularité des trains de Laval sur lesquels la société comptait pour un nouvel apport d'ouvriers en est la cause.

La construction de 40 logements pour ménages ouvriers dotés d'un petit jardin de 300 mètres carrés et 25 logements pour célibataires a été entreprise.

Les propriétés du Bas-Coudray et de l'Esnaudières appartenant à Henri Herrenschmidt ont été rachetées et transformées en habitations. Il est envisagé d'aménager la construction principale de l'Esnaudières en résidence d'employés célibataires avec salle de réunion.

Des vestiaires individuels, lavabos et bains-douches ont été créés pour les ouvriers de l'usine d'antimoine et de la mine afin de leur permettre de prendre une douche quotidienne.

Les réfectoires ont été agrandis et améliorés. Une infirmerie où le service médical fonctionne dans de meilleures conditions a été construite et aménagée.

Les compresseurs

RÉSULTATS DE L'ANNÉE 1910

Production de minerai n°3	:	64 748,495 t
Production de minerai n°1	:	4 696,686 t
Production de minerai n°2	:	5 922,765 t
Quartz riche	:	16 732,182 t
Quartz pauvre		2 087,036 t
Or vendu	:	777 kg
Vente de produits antimonieux	:	1 600 939,90 F
Vente d'or et de produits aurifères	:	2 439 331,26 F
Solde créditeur de l'exercice	:	1 662 971,63 F

PUITS PORTIER

coupe par l'axe
du faux-carré

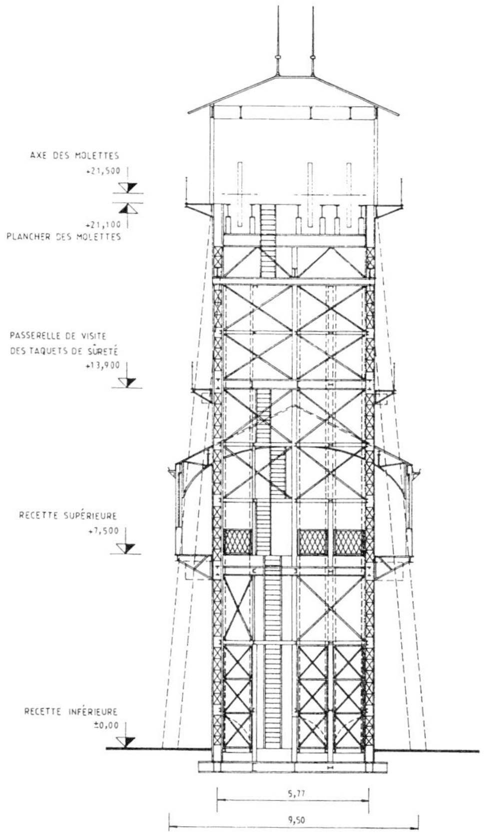

élévation longitudinale

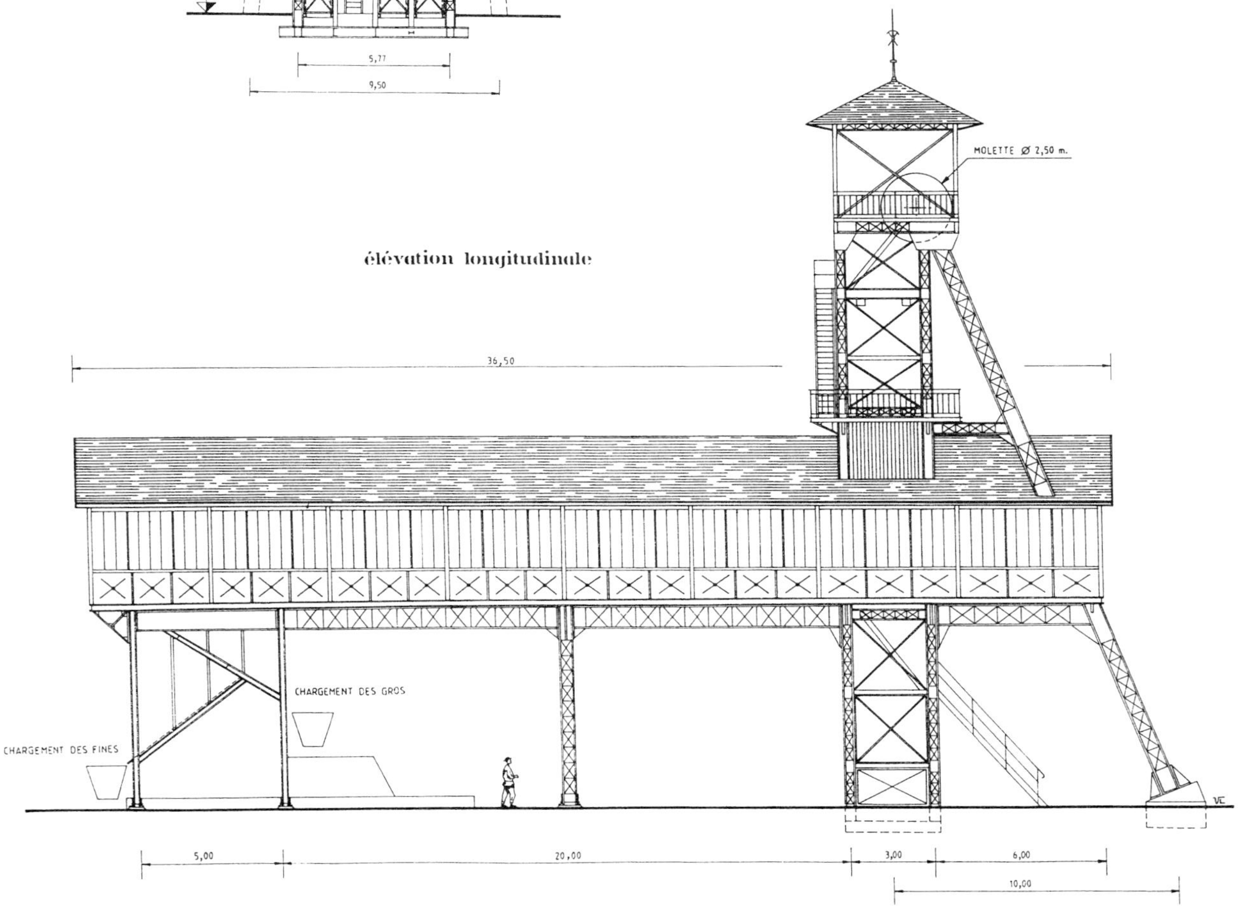

Dessin V. LEPAIS

Mines d'Or de La Lucette - LE GENEST (Mayenne)
Entrée de l'Usine - Puits Georges - Direction

Mines de la Lucette - LE GENEST (Mayenne). Puits Portier et Scheidage - Au loin et à droite l'Usine d'antimoine
RÉPUBLIQUE FRANÇAISE
5c
de Laval. - Reproduction interdite

1911

MINE

Les travaux préparatoires d'ouverture de l'exploitation profonde sont ralentis par le retard des travaux d'armement du puits Portier. Le fonçage arrêté provisoirement à 260 m n'a repris qu'au mois de novembre pour atteindre 300,40 m au 31 décembre.

Faute de pouvoir utiliser le nouveau puits, des moyens provisoires sont utilisés pour exploiter en dessous de l'étage 200. Les minerais sont relevés jusqu'à ce niveau par des plans inclinés et des puits intérieurs. Ce mode d'exploitation alourdi fortement les charges de la mine.

D'autre part, en raison du caractère provisoire des installations, la plus grande proportion des abattages porte sur les niveaux supérieurs où des zones de minéralisation moins riches ont été délaissées. Cette méthode entraîne la chute de la teneur moyenne du minerai.

A l'étage 245, le traçage nord a rencontré au mois de mars une minéralisation exceptionnelle variant de 1,50 m à 4,00 m de stibine pure.

La présence de "pépites" dans le quartz est fréquemment signalée dans les rapports concernant les traçages aux niveaux 245 et 300.

Au mois de novembre, le dénoyage du puits Sainte-Barbe est entrepris.

Les travaux de reconnaissance et de préparation d'exploitation effectués depuis l'équipement du puits Portier font craindre une diminution de la richesse du filon dans une zone où reposent tous les espoirs.

La perforation mécanique est désormais centralisée sur le puits Portier, elle rend les meilleurs services mais a coûté beaucoup d'essais de mise au point pour le choix d'un outillage approprié à la nature des terrains très durs.

Travaux de recherche

Aucune découverte intéressante n'est à signaler pour cette année.

Effectifs mine au 31 décembre

Mine fond	296
Mine jour + laverie	157
Total mine	453

TRAITEMENT DES MINERAIS

L'installation du troisième bocard et l'atelier de concentration correspondant sont achevés depuis le mois de novembre.

USINE

L'usine d'antimoine est complètement terminée, elle est équipée de neuf fours à oxyde et quatre fours à régule. Un nombre important de perfectionnements y ont été apportés et permettent de traiter économiquement toutes les catégories de minerais.

L'usine n'étant pas toujours en mesure d'assurer la transformation de la totalité des minerais, un contrat de traitement à façon a été passé avec une importante usine de Barcelone. Ce contrat assure à la Société des Mines de La Lucette l'exclusivité de l'approvisionnement de cette usine catalane.

Les ouvriers célibataires s'organisent en association pour pouvoir s'assurer des repas corrects à moindres frais, pour cela ils fondent, en accord avec la direction, une association : "La soupe ouvrière". La direction ne peut évidemment pas s'opposer à toute initiative visant à retenir son personnel à proximité du lieu de travail. Bien que d'accord sur le principe de cette association, les membres du Conseil d'Administration regardent avec une certaine méfiance ce genre de regroupement d'ouvriers comme en témoigne cet extrait de rapport du Conseil d'Administration :

> *"Une lettre du Directeur demande au Conseil d'Administration l'attribution d'une subvention et l'affectation du local de l'ancienne infirmerie pour permettre aux adhérents de la soupe ouvrière de se grouper en une association alimentaire. Le Conseil décide de mettre à la disposition des ouvriers le local de l'ancienne infirmerie qui sera approprié aux besoins de la soupe ouvrière et même d'acquérir pour elle quelques matériels et ustensiles sur devis, mais à la condition que la soupe ouvrière conserve son caractère primitif et ne dégénère en aucun cas en une forme d'association irrégulière ou critiquable. Le Conseil désire attirer particulièrement l'attention du directeur sur cette restriction et l'invite à lui fournir tout apaisement de ce côté."*

Par association irrégulière ou critiquable, le Conseil sous-entend vraisemblablement un syndicat ou un groupement "révolutionnaire".

RÉSULTATS DE L'ANNÉE 1911

Production de minerai n°3	:	59 434,510 t
Production de minerai n°1	:	3 207,445 t
Production de minerai n°2	:	6 251,679 t
Quartz riche	:	18 342,05 t
Quartz pauvre		1 387,73 t
Or vendu	:	708 kg
Vente de produits antimonieux	:	1 358 427,57 F
Vente d'or et de produits aurifères	:	2 092 317,77 F
Solde créditeur de l'exercice	:	760 182,54 F

Maison ouvrière construite par la Société

Plan de situation des installations industrielles et des cités ouvrières appartenant à la Société Nouvelle des Mines de La Lucette en décembre 1911

ines de la Lucette. - LE GENEST (Mayenne
Puits Portier - Chevalement et Recettes
REPUBLIQUE FRANÇAISE
5c

Mines de la Lucette. - LE GENEST (Mayenne). - Groupe de Mineurs
Cliché Hamel-Jallier et Cie

Mines d'Or de La Lucette -- LE GENEST (Mayenne
Usine d'Antimoine et Puits H. Portier

1912

MINE

Les craintes exprimées l'année précédente se confirment, le gisement est totalement appauvri dans les niveaux profonds. L'inflexion rapide de la faille qui limite les travaux vers le nord et la rencontre des schistes dans le puits principal réduisent régulièrement les perspectives d'avenir. Il en résulte une diminution importante du nombre de chantiers disponibles pour l'exploitation.

L'exploitation est concentrée sur le puits Georges, où certains stots de protection ont été exploités. Les travaux à 300 et 320 mètres n'ont rencontré et suivi qu'une minéralisation inexploitable. En profondeur, à l'extrémité sud de l'avancement 340, un faux-puits de recherche a été foncé sur 35 m mais n'a donné aucun résultat favorable.

Le puits Portier est arrêté à la profondeur de 346,50 m après une traversée importante de terrains stériles. Quelques recherches exécutées au-dessous de ce niveau par galeries et faux-puits jusqu'à 375 m de profondeur confirment la disparition de la minéralisation en or et en antimoine.

Un géologue, Monsieur Oehlert, a examiné la surface de la concession et les travaux, les conclusions de son rapport sont très pessimistes.

Devant l'insuccès des recherches sur le filon Georges, l'étude de la région Sainte-Barbe a été reprise. Le puits Minot a été dénoyé et foncé jusqu'à 66 mètres et quelques galeries de recherche ont été exécutées à ce niveau.

Un essai d'exploitation de cette région a donné de mauvais résultats économiques. De plus, le système des filons Sainte-Barbe s'est révélé trop appauvri pour envisager avec confiance une exploitation rémunératrice.

Les recherches se poursuivent néanmoins dans cette région mais sans grand espoir malgré la découverte, en juin, de "belles pépites" dans le filon 3 au deuxième niveau.

Effectifs mine au 31 décembre

Mine fond	266
Mine jour	100
Total mine	366

Dans ces conditions l'épuisement des ressources minérales est envisagé à très brève échéance. Afin de subvenir aux besoins en minerais de l'usine la Société Nouvelle des Mines de La Lucette élargit son champ de recherche à d'autres gisements français et étranger :

- Mines de Nades (Allier) dont la stibine contient aussi un peu d'or.
- En Algérie dans la région de Constantine.

Accidents

L'année 1912, fut marquée par de nombreux accidents, qui occasionnèrent la mort de 5 mineurs et de nombreux blessés. Les trois années précédentes connurent également des accidents mortels (4 en 1909, 1 en 1910 et 3 en 1911).

Les accidents les plus fréquents (mortels ou non) peuvent être classés en trois grands groupes :

- Accidents liés aux explosifs,
- Accidents liés aux éboulements et chutes de blocs,
- Accidents de transport (puits et roulage).

La lecture des rapports d'enquête du Service des Mines met en évidence de nombreuses imprudences commises par les ouvriers. Ces accidents sont souvent causés par le manque de respect des règles de sécurité, en particulier dans l'usage des explosifs et pour la circulation des hommes dans les puits.

USINE

L'activité de l'usine ne souffre pas de la diminution de production de la mine grâce à la quantité importante de minerai stockée sur le carreau.

Le contrat de traitement à façon passé avec l'usine de Barcelone est maintenu, elle est alimentée avec des minerais étrangers.

RÉSULTATS DE L'ANNÉE 1912

Production de minerai n°3	:	47 064,452 t
Production de minerai n°1	:	949,655 t
Production de minerai n°2	:	2 731,041 t
Quartz riche	:	14 425,783 t
Quartz pauvre		1 347,796 t
Or vendu	:	839 kg
Vente de produits antimonieux	:	1 528 817,31 F
Vente d'or et de produits aurifères	:	2 495 732,41 F
Solde créditeur de l'exercice	:	392 321,54 F

Groupe de mineurs au Puits Henri Portier. Certains mineurs sont équipés des premières lampes à acétylène en usage à La Lucette. D'autres mineurs sont encore équipés de lampes à huile (carte postale ancienne)

1913

MINE

Cette année est marquée par l'épuisement des réserves de la mine et l'arrêt de l'extraction dès le début du mois d'octobre.

L'exploitation s'est bornée à exploiter les réserves de la façon la plus complète et la plus méthodique, dépilant les régions les plus profondes ainsi que tous les stots et massifs de quelque valeur laissés provisoirement en amont.

L'extraction moyenne mensuelle des six premiers mois de l'année 1913 est tombée à 2 700 tonnes alors qu'elle était de 4 000 tonnes en 1912.

Travaux de recherche

En même temps que s'achevaient les derniers travaux d'exploitation, les ultimes recherches étaient menées en profondeur au niveau 375, soit 70 mètres au-dessous des dernières parties exploitables du filon et n'ont fait que constater la disparition de la minéralisation. Du côté sud, l'avancement a été poussé le plus en avant possible sans rencontrer d'enrichissement.

Une série de recherches dans de petits filons satellites, notamment dans une veine du toit aux étages 200, 100 et 25 a été entreprise, mais avec des résultats négatifs. Ces recherches ont été interrompues le 10 octobre.

Au puits Minot, les travaux de développement n'ont rien donné, seuls quelques dépilages de stots ont eu lieu au niveau 46.

Dans la région nord-ouest de Sainte-Barbe, quelques travaux de reconnaissance par petits travers-bancs ont été entrepris sans succès.

Une partie du matériel dont l'utilisation future est improbable a été revendue à d'autres exploitations. Les treuils électriques d'extraction et de fonçage du puits Portier ont ainsi été revendus à la Compagnie des Mines de Douchy (Pas-de-Calais).

Effectifs au 10 juillet

Mine fond	98
Laverie	70
Moulins	42
Divers	230
Fonderie	58
Total	498

Autres gisements

- A Nades (Allier) : les travaux ont fourni 637 tonnes de minerai d'assez faible teneur.

- A Kerdevot (Finistère) : des travaux de recherche ont été activement poussés, une galerie à flanc de coteau a suivi sur 200 m une cassure le long de laquelle des zones minéralisées exploitables ont été découvertes. Un second filon a également été reconnu.

- Au Colombier (Puy-de-Dôme) : une société a été créée pour l'exploitation de ce gîte (Société Anonyme des Mines du Colombier) et une demande de concession déposée.

- En Algérie : les travaux de recherche ont été arrêtés.

TRAITEMENT DES MINERAIS

Avec la diminution du tonnage de minerai extrait, seule la laverie du puits Sainte-Barbe est maintenue, celle du puits Minot ayant été arrêtée au mois d'avril.

Avec l'arrêt de la production et la diminution des teneurs en or du minerai, les moulins à or ne traitent plus que des produits à valeur réduite tels que les résidus de laverie, les scories de schlamms... avec des rendements très inférieurs. Les stocks permettent de prévoir le maintien en activité des moulins pendant l'année 1914.

USINE

L'usine travaille régulièrement, alimentée par l'extraction, les stocks et l'achat de minerai.

Des modifications ont été apportées pour permettre de traiter les schlamms et résidus de fabrication ancienne.

L'exploitation du contrat de traitement à façon passé avec l'usine d'antimoine de Barcelone se poursuit régulièrement.

RÉSULTATS DE L'ANNÉE 1913

Production de minerai n°3	:	28 835,73 t
Production de minerai n°1	:	1 225,37 t
Production de minerai n°2	:	1 958,17 t
Quartz aurifère	:	10 841,85 t
Or vendu	:	427 kg
Vente de produits antimonieux	:	1 512 017,02 F
Vente d'or et de produits aurifères	:	1 613 910,26 F
Solde créditeur de l'exercice	:	401 426,25 F

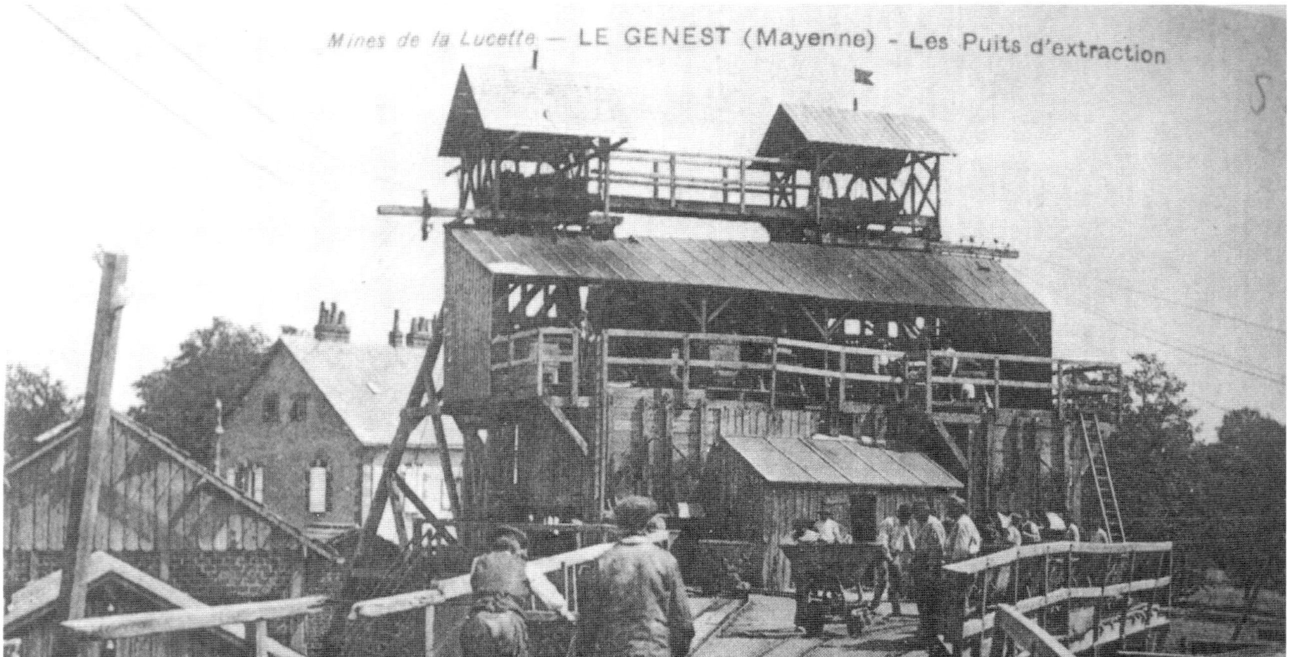

Recette des puits Georges et puits Auxiliaire

1914

Les travaux sont interrompus depuis le mois d'août pour cause de déclaration de guerre. La mobilisation, les difficultés de main-d'œuvre, d'approvisionnement et de transport ont conduit la société à arrêter toutes les exploitations. La question de l'intérêt du maintien en activité des usines pour la Défense Nationale a été soumise à l'administration compétente, qui n'a alors pas cru devoir y répondre.

La métairie de l'Esnaudières, les terrains et les bâtiments du Bas-Coudray ont été vendus pour une somme globale de 62 000 F.

MINE

L'exploitation du Genest est arrêtée depuis 1913 mais quelques travaux de recherche ont encore été menés au nord-ouest du puits Minot. 91 m de galeries ont été tracés sans résultat.

Autres gisements

- A Nades, 627 tonnes de minerai ont été extraites et traitées aux usines du Genest. Cette affaire a été abandonnée.

- A Kerdevot, un deuxième filon a été exploré, un petit puits central de 50 m a été foncé. La mobilisation est venue interrompre les travaux au moment d'attaquer le travers-bancs de liaison vers le gîte.

- Aux mines du Colombier : la Société des Mines du Colombier a obtenu l'octroi de la concession par décret du 5 mai 1914. La guerre est intervenue au moment même où commençaient les travaux de préparation et de mise en valeur du gisement.

TRAITEMENT DES MINERAIS

Le moulin à or n'a plus guère traité que des schlamms et des anciens tailings, il a dû être arrêté comme l'usine d'antimoine dès le début de la mobilisation.

USINE

L'alimentation de l'usine d'antimoine a été assurée en partie par les stocks, en partie par des achats de minerais et l'appoint des produits venant des travaux de recherche.

RÉSULTATS DE L'ANNÉE 1914

Vente de produits antimonieux	:	891 193,36 F
Vente d'or et de produits aurifères	:	367 083,91 F
Solde créditeur de l'exercice	:	8 143,88 F

1915

Les opérations productives de la société, brusquement arrêtées en août 1914, ont pu reprendre au mois de mars au prix des plus grands efforts, sur une échelle réduite et progressive. Dans un premier temps, trois fours à oxyde et un four à régule ont été remis en marche afin de satisfaire la demande en antimoine destiné aux usages militaires.

L'approvisionnement de l'usine en minerai est assurée par la mine du Semnon en Ille-et-Vilaine et la mine de Kerdevot dont les travaux entrepris sur les filons n°1 et 2 démontrent un appauvrissement de la minéralisation en profondeur.

L'exploration du gisement algérien d'Ain-Kerma se poursuit. Une fonderie située à Langeac (Haute-Loire) a été louée à la Société Minière et Métallurgique de l'Orb pour permettre le traitement des minerais algériens et auvergnats.

Au début du mois d'août, il a été procédé au grattage des plaques d'amalgamation, goulottes, pièges, tables etc... Le produit de ce nettoyage a donné 2,350 kg de tourteaux d'or.

Au mois d'octobre, des essais de reconcentration des rejets des moulins ont été entrepris. 35 tonnes de tailings ont été passés sur les tables Wilfley. 380 kg de concentrés ont été obtenus avec des teneurs de 2,5 % en antimoine et 85 g/t en or. Cette expérience a démontré que le retraitement des tailings est économiquement sans intérêt.

Effectifs au mois de septembre 1915

Carreaux	2
Charpenterie	1
Ajustage	5
Electricité	1
Chaufferie	3
Force motrice	3
Fonderie	34
Arrivages	14
Magasins	2
Bureaux	2
Total	67

RÉSULTATS DE L'ANNÉE 1915

Vente de produits antimonieux	:	2 989 463,75 F
Vente d'or et de produits aurifères	:	7 915,65 F
Solde créditeur de l'exercice	:	404 536,40 F

Mines de la Lucette

CONSIGNES
en cas d'Incendie

1° Toute personne qui constate un commencement d'incendie doit immédiatement utiliser les extincteurs placés dans le local où commence l'incendie

2° Il y aura lieu de prévenir immédiatement le surveillant de service qui utilisera les extincteurs de réserve placés à la centrale et à l'atelier.

3° Le surveillant de service enverra prévenir immédiatement le Directeur ou son remplaçant, M. Harel; les surveillants au repos, ainsi que Lemonnier et Brodin, devront se rendre immédiatement à l'usine pour la manœuvre de la pompe à incendie.

4° Au cas où il y aurait des blessés, le surveillant de service fera prévenir M. Virfeu de venir sur les lieux pour donner les premiers soins.

5° Toute personne qui habite dans le voisinage de l'usine et entendra le signal d'alarme : 6 coups de sirène espacés de 10 en 10 secondes, devra se porter sur les lieux de l'incendie avec les seaux qu'elle possède chez elle.

6° Le Directeur, ou son remplaçant, prendront ensuite toutes les mesures qui s'imposent.

1916

MINE

Au Genest, les travaux miniers reprennent lentement au puits Minot au fur et à mesure de l'obtention de la main-d'œuvre minière. Des filons abandonnés autrefois car trop pauvres deviennent intéressants avec le relèvement des cours de l'antimoine.

Le dénoyage des travaux du puits Minot entrepris depuis le 16 mars pour explorer les filons Henri, n°2, n°3, n°4, C et X est rendu difficile en raison de la proximité des travaux du filon Georges également noyés.

Dès le 1er mai, les travaux d'abattage ont repris dans le filon 2, puis dans les filons X, 3 et Henri à partir du mois de juillet. A la fin du mois, la production de minerai n°3 était de 20 tonnes par jour, donnant 500 kg de minerai n°1 et 2,500 t de minerai n°2.

Les travaux à la mine de Kerdevot se poursuivent mais ne donnent guère satisfaction. L'arrêt de cette exploitation est prévue fin 1917, une partie du personnel ayant été transférée au Genest.

Effectifs mine au 30 mai

Mineurs	8	Triage	1
Boiseurs	3		(12 femmes)
Pompier	1	Divers	7
Rouleur	1	Total	32

TRAITEMENT DES MINERAIS

Les appareils essentiels de la laverie du puits Minot ayant été expédiés à Kerdevot, il a fallu organiser rapidement et sommairement une petite installation fixe de triage.

USINE

La faible production des mines appartenant à la société nécessite l'achat de minerais étrangers afin d'assurer une marche continue de l'usine du Genest.

Avec le développement des mines d'Ain-Kerma et le succès des nouvelles méthodes métallurgiques employées à l'usine de Langeac, il a été décidé de construire au Genest un four Water-jacket destiné au traitement des minerais algériens en mélange avec des scories et des sous-produits de l'ancienne fabrication.

L'approvisionnement en combustible des usines reste un problème difficile à résoudre.

RÉSULTATS DE L'ANNÉE 1916

Production de minerai n°3	:	7 844,15 t
Production de minerai n°1	:	220,33 t
Production de minerai n°2	:	475,05 t
Vente de produits antimonieux	:	5 145 163,95 F
Vente d'or provenant de résidus de l'ancienne fabrication	:	19 645,65 F
Solde créditeur de l'exercice	:	495 694,45 F

1917

MINE

La reprise des filons du puits Minot donne d'heureux résultats et son importance progressivement accrue est sur le point d'assurer à l'usine du Genest une alimentation suffisante en minerais d'antimoine sulfurés.

Les développements des travaux miniers ont ouvert à l'étage 70, sur une longueur de 80 m environ, une zone de meilleure minéralisation dans une fracture parallèle voisine du filon Georges. Dénommé filon X, les produits de l'exploitation naissante de ce quartier ont une teneur aurifère intéressante dont il pourra être tiré parti bien qu'il n'ait pas encore été possible d'obtenir par triage du quartz méritant le bocardage par amalgamation. La puissance de la minéralisation en stibine du filon X atteint parfois 30 cm.

Quelques dépilages se poursuivent également dans les filons 2, 4, 6, 8 et Henri.

Autres gisements

- En Auvergne, l'exploitation de la mine du Colombier est suspendue en raison de problèmes d'exhaure.
- Une coopération avec la Société des Mines de Singles (Puy-de-Dôme) a permis la réouverture d'une petite mine de charbon.
- En Algérie, le développement des travaux de la mine d'Ain-Kerma se poursuit favorablement.

USINE

L'usine du Genest travaille dans des conditions assez précaires, en raison de l'irrégularité des approvisionnements en matières premières et surtout en charbon et en coke. Les jours de chômage sont mis à profit pour apporter quelques améliorations aux appareils métallurgiques. La réduction des minerais oxydés algériens au water-jacket donne de bons résultats.

Un atelier de fabrication de soufre doré d'antimoine est en cours d'installation afin de satisfaire aux besoins, accrus par la guerre, de l'industrie de vulcanisation.

L'usine de Langeac est plus spécialement réservée à la transformation des minerais algériens en régule militaire et à la fabrication de plomb antimonieux pour shrapnels.

RÉSULTATS DE L'ANNÉE 1917

Production de minerai n°3	:	15 930,24 t
Production de minerai n°1	:	695,37 t
Production de minerai n°2	:	913,39 t
Vente de produits antimonieux	:	6 705 498 F
Solde créditeur de l'exercice	:	482 136,84 F

les minerais N° 3 abattus en Novembre, et préparé l'exploitation du dernier pilier Nord.

Avancement sud filon Henri Niveau 46. —

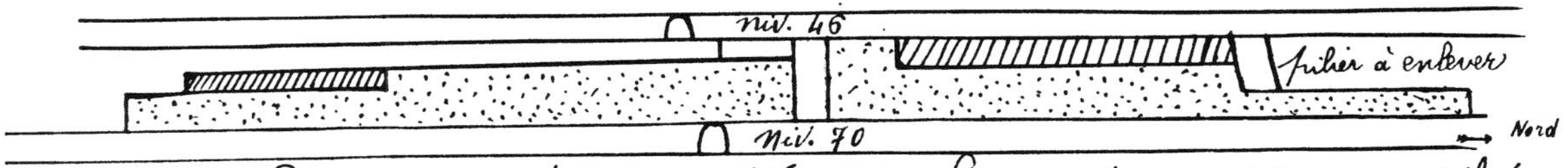

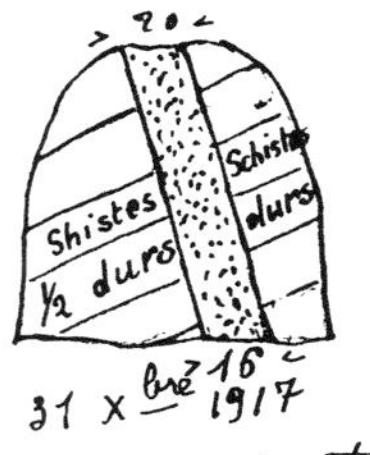

Le traçage a été poussé de 6m. La minéralisation en stibine a complètement disparue ; le traçage a suivi une veine quartzeuse de 20 c/m de puissance très nette et comprise dans les shistes durs. Ce travail a été arrêté. Les abatages enlèveront en avançant vers le sud la partie antimonieuse restante et comprise entre les niveaux 33 et 40

Filon C. — Le filon croiseur a été (A) suivi en direction, sur une dizaine de mètres. Il est arrêté par une coupe très nette sensiblement perpendiculaire à sa direction. Nous avons tracé sur 6m. en suivant cette rampe vers le sud la minéralisation en stibine y est peu intense. Le remplissage est constitué par des shistes glaiseux et par intervalles quelques boules de stibine.

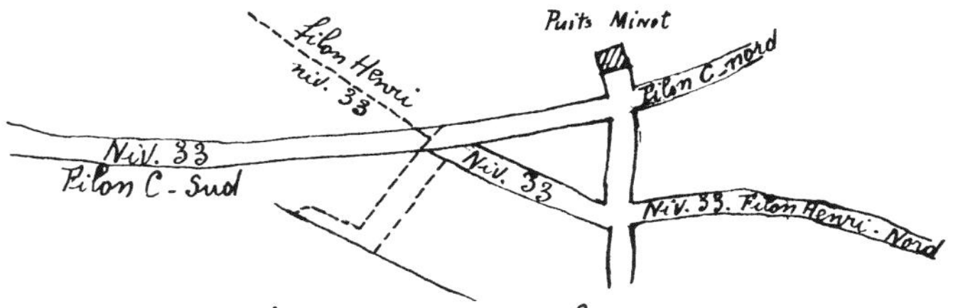

Filon N° 4 bis. — Une descenderie a été attaquée dans le filon N° 4 au niveau 46 (A). Ce travail est surtout destiné à reconnaître la minéralisation au-dessous du niveau 46 et pouvoir donner une direction sure au T. Bancs ouest Niveau 70 — Sur les 2 m. d'approfondissement exécutés en X la minéralisation en stibine est de 15 à 20 c/m. Ce filon est désigné par le N° 4 bis, le filon N° 4 étant déjà recoupé par le T. Bancs ouest Niveau 46 au point B

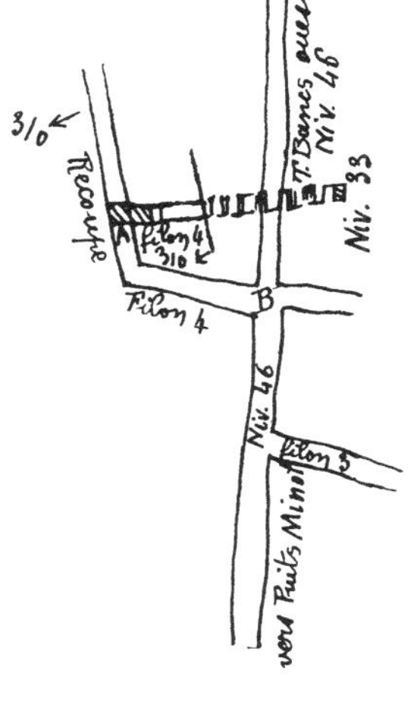

Extrait du rapport de novembre 1917

1918

MINE

Le filon Henri est exploité entre les niveaux 33 et 70 malgré la faiblesse des minéralisations (10 à 15 cm de stibine), le scheidage du minerai se fait alors directement dans les chantiers.

Les filons C, 2 et 6 ont fait l'objet de quelques travaux de reconnaissance. Ils ont été abandonnés à partir du mois de juin.

L'exploitation du filon X au puits Minot se poursuit. Le 1er juillet, le filon X a été rebaptisé filon Wilson.

Afin d'exploiter le filon Wilson en profondeur, il a été creusé un faux-puits reliant l'étage 70 à l'étage 110. Ce puits est équipé d'un chevalement et d'un treuil électrique, son fonçage a débuté le 11 mai et s'est achevé fin novembre à la cote 115. Les niveaux 90 et 110, très riches, seront tracés à la fin de l'année 1918. La minéralisation en stibine, bien que relativement restreinte, 25 à 35 cm de puissance moyenne, peut néanmoins assurer le fonctionnement de l'usine du Genest. Les quartz révèlent par endroit des teneurs intéressantes en or mais ils sont encore en trop petite quantité pour justifier la remise en marche du moulin à or.

Au mois d'avril, la production journalière était de 100 tonnes de minerai n°3.

USINE

L'usine travaille à la fois les minerais algériens au water-jacket et ceux du filon Wilson, par la méthode auvergnate. Il a été obtenu une qualité de régule pratiquement exempte d'arsenic et utilisée pour la fabrication d'accumulateurs destinés à fonctionner en lieux clos et ne devant pas dégager de gaz toxiques.

La fabrication du soufre doré est mise au point. Un atelier plus important doit être mis en marche au cours du second trimestre de l'année 1919, il permettra de satisfaire toutes les demandes.

Pour utiliser les sables venant des moulins à or, il a été fait des essais de fabrication de briques silicocalcaires.

La location de l'usine de Langeac prend fin le 31 décembre 1918.

Effectifs au mois d'avril

Fond	36
Jour	79
dont 38 femmes	
Total	115

RÉSULTATS DE L'ANNÉE 1918

Production de minerai n°3	:	42 064,36 t
Production de minerai n°1	:	1 437,35 t
Production de minerai n°2	:	1 195,48 t
Quartz aurifère	:	566,00 t
Or contenu dans le quartz	:	6,201 kg
Teneur moyenne du quartz	:	10,95 g/t
Vente de produits antimonieux	:	3 760 960,73 F
Solde créditeur de l'exercice	:	392 035,09 F

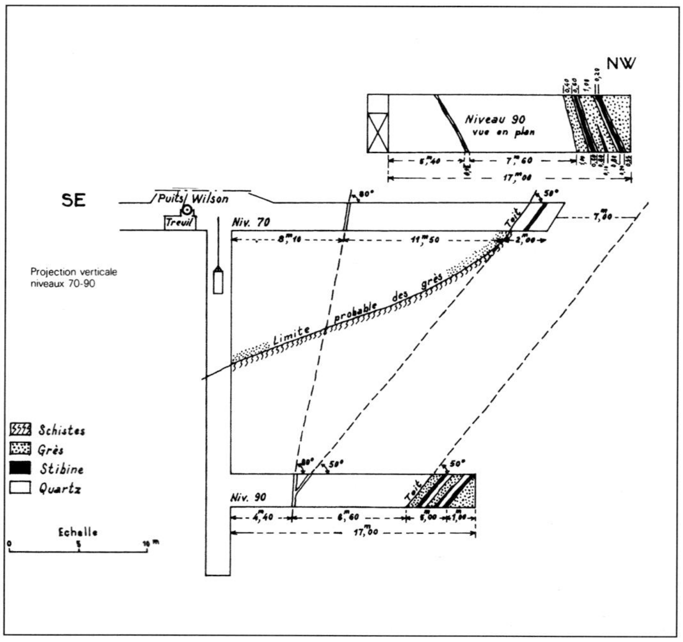

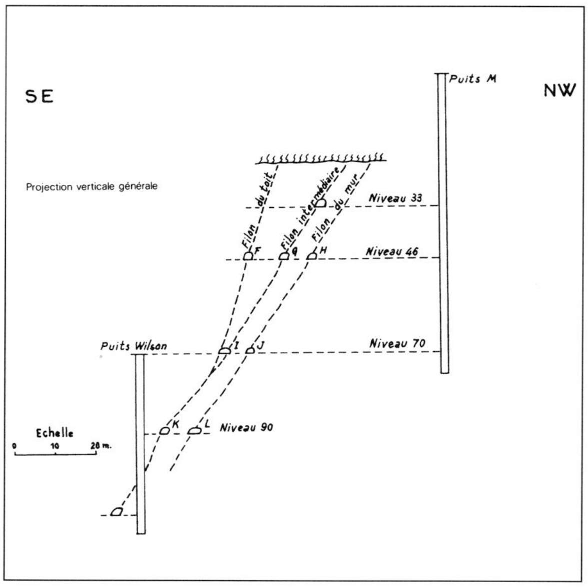

Filon Wilson

1919

En début d'année, la fin de la guerre a provoqué un rétrécissement du marché de l'antimoine et une baisse des cours, dus à l'importance des stocks chez les pays belligérants et à l'arrivée en force des minerais chinois sur le marché.

Avec le second semestre 1919 coïncide un épuisement des stocks et une reprise des consommations industrielles qui provoquent une amélioration des cours de l'antimoine.

MINE

Le développement des travaux se poursuit favorablement aux niveaux 90 et 110 du filon Wilson qui procure suffisamment de minerais pour assurer la marche de l'usine, par contre les quartz aurifères restent peu abondants.

La production mensuelle moyenne a été en 1919 de 2000 tonnes de minerai produisant 140 t de n°1, 150 t de n°2 et 80 t de quartz aurifère.

Le travail à la mine s'effectue sur un seul poste :

- 8 h à 16 h : les mineurs
- 7 h à 15 h : les boiseurs

Seul les pompiers et les machinistes travaillent sur trois postes. La durée totale du travail hebdomadaire est de 48 heures.

Autres gisements

- En Auvergne, la Société des Mines du Colombier est en liquidation.
- La mine de houille de Singles poursuit une petite exploitation légèrement rémunératrice.
- En Algérie, l'exploitation du gisement d'Ain-Kerma continue.

USINE

Malgré de grandes difficultés d'approvisionnement en matières premières et de main-d'œuvre l'usine a pu réaliser une fabrication assez régulière des produits habituels : régule, oxyde, sulfure d'antimoine.

Un atelier plus important de soufre doré mis sur pieds en cours d'année assure une production très accrue et en rapport avec la demande.

La fabrication des briques silico-calcaires réalisée avec les sables des moulins à or est au point mais se trouve interrompue faute de wagons pour expédier les briques.

A la fonderie le travail est effectué sur trois postes :

- 6 h à 14 h
- 14 h à 22 h
- 22 h à 6 h

Avec une journée continue de 16 heures toutes les semaines pour permettre le décalage des postes.

Effectifs au 21 septembre

Fond 47
dont 20 mineurs, 25 manœuvres et 2 enfants

Jour 33
dont 29 hommes et 4 enfants

Laverie 53
dont 16 hommes, 29 femmes et 8 enfants

Fondérie et divers 85
dont 64 hommes, 16 femmes et 5 enfants

Total 218
dont 153 hommes, 45 femmes et 15 enfants

RÉSULTATS DE L'ANNÉE 1919

Production de minerai n°3	:	13 456,94 t
Production de minerai n°1	:	1 702,86 t
Production de minerai n°2	:	993,65 t
Quartz aurifère	:	789,00 t
Or contenu dans le quartz	:	14,122 kg
Teneur moyenne du quartz	:	17,89 g/t
Solde créditeur de l'exercice	:	505 027,31 F

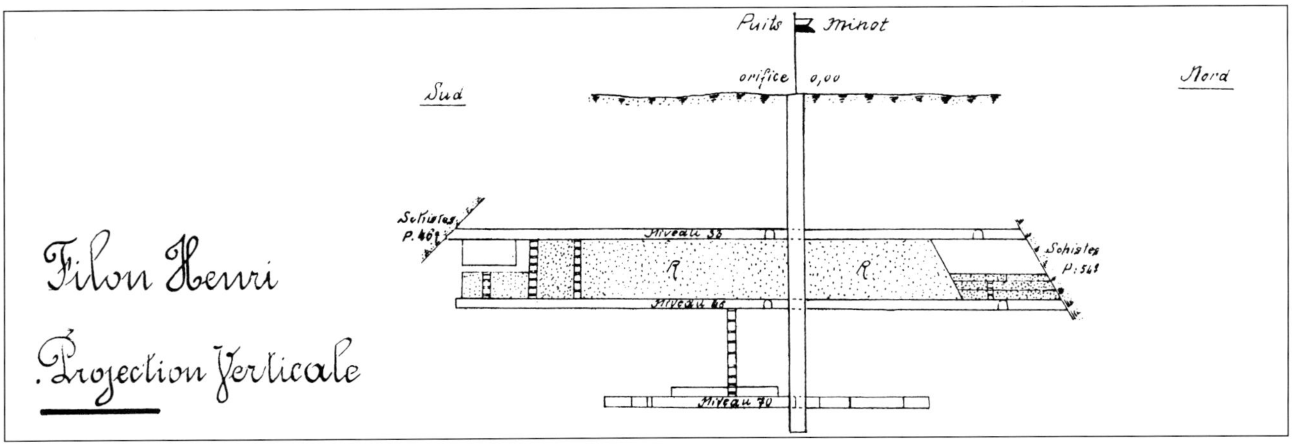

1920

L'année 1920 a très bien commencé avec une demande active et des prix en hausse. Cette situation favorable s'est retournée complètement au mois de septembre pour laisser la place à une mévente persistante et à des prix de revient considérablement accrus. Ce revirement a été général pour toutes les branches de l'industrie.

Sur le marché de l'antimoine, la menace de la concurrence chinoise déjà perceptible en 1919 est devenue une réalité à la faveur de l'amélioration des frets.

MINE

Le filon Wilson assure une production normale de minerai d'antimoine pour l'alimentation de l'usine. Les traçages de l'étage 110 s'achèvent dans de bonnes minéralisations antimonieuses mais les quartz aurifères restent peu abondants.

En même temps l'exploration des niveaux inférieurs est préparée. L'ancien puits Portier est dénoyé jusqu'à 250 mètres de profondeur car les aménagements du puits Minot ne permettent pas de descendre en dessous de l'étage 110.

Le puits Portier est à nouveau en service depuis le mois de décembre, il est équipé de deux chevalements en bois (un pour l'extraction, l'autre pour le treuil de secours) construits en partie avec les pièces du chevalement du puits Auxiliaire.

Autres gisements

- L'exploitation de la mine de houille de Singles se poursuit.
- En Algérie, une société filiale a été créée pour l'exploitation des mines d'Ain-Kerma : la Société des Mines d'Ain-Kerma.

USINE

Les fabrications habituelles de régule, d'oxyde, de sulfure et de soufre doré sont assurées dans de bonnes conditions.

La Société des Mines de La Lucette a acquis l'usine d'antimoine de Barcelone avec laquelle elle travaillait avant la guerre pour le traitement des minerais.

RÉSULTATS DE L'ANNÉE 1920

Production de minerai n°3	:	12 157,79 t
Production de minerai n°1	:	1 635,64 t
Production de minerai n°2	:	1 386,25 t
Quartz aurifère	:	914,81 t
Or contenu dans le quartz	:	22,668 kg
Teneur en or du quartz	:	24,78 g/t
Solde créditeur de l'exercice	:	454 213,23 F

Conducteur de chevaux devant le nouveau chevalement du puits Portier

1921

La baisse des prix de l'antimoine amorcée dans la seconde moitié de l'année 1920 continue.

MINE

L'exploitation du filon Wilson et de ses branches A et B se poursuit aux étages 90 et 110 fournissant largement l'usine en minerais d'antimoine.

Quelques travaux de recherche entrepris dans les filons 4 et 4 bis n'ont pas donné de résultat tandis qu'une cheminée creusée entre les niveaux 46 et 70 du filon C assurait une petite production de minerai d'antimoine non aurifère.

Les stocks de quartz aurifères sont encore trop peu importants pour justifier la remise en route des moulins à or.

Au mois de novembre, le niveau 200 a été dénoyé et une pompe d'exhaure à poste fixe installée à ce niveau dans le puits Portier.

Pour les quatre premiers mois de l'année, la production journalière moyenne a été de 36 t de minerai tout-venant donnant 6 t de minerai n° 1 et 5 t de minerai n° 2.

Effectifs mine au mois d'avril

FOND :	
Mineurs	15
Boiseurs	6
Rouleurs	5
Pompiers	4
Machinistes	3
Surveillant	1
JOUR :	
Laverie - Triage	28
Machinistes	3
Rouleurs	3
Forgerons	3
Total mine (jour + fond)	71

USINE

La fabrication des divers produits est maintenue normalement malgré les restrictions imposées par la situation commerciale.

L'usine de Barcelone assure dans de bonnes conditions économiques une petite production de régule et d'oxyde d'antimoine en traitant les minerais oxydés d'Ain-Kerma.

RÉSULTATS DE L'ANNÉE 1921		
Production de minerai d'antimoine	:	3 900 t
Production de quartz aurifère	:	570 t
Or extrait	:	36,6 kg
Solde créditeur de l'exercice	:	341 185,61 F

1922

La concurrence des producteurs d'Extrême-Orient est toujours aussi vive et continue d'entraîner la chute des cours de l'antimoine.

MINE

La production est toujours assurée par le filon Wilson et les branches A et B, les abattages ont lieu entre les niveaux 90 et 110.

Au puits Portier, les traçages effectués à partir de l'étage 200 n'ont abouti à aucune minéralisation appréciable d'antimoine. Des formations de quartz aurifère intéressantes ont été cependant recoupées, baptisées filon F, F', R et R' elles correspondent à des branches profondes du filon Wilson. Le filon F' d'une puissance de 1,00 m riche en pépites semble donner de bons espoirs.

USINE

Poursuite de la fabrication des produits antimonieux habituels.

Remise en route d'un moulin à or dont l'approvisionnement est assuré par les stocks et les nouvelles découvertes.

Accident au puits Portier

Un grave accident s'est produit au puits Portier le 20 janvier 1922 à 18 heures, causant la mort de trois mineurs et d'un surveillant.

Les circonstances de cet accident sont relatées dans le rapport d'enquête de l'Ingénieur du Service des Mines :

"La cage descendait et se trouvait à environ 100 mètres de la surface, lorsqu'un bruit anormal attira l'attention du machiniste sur le palier droit de l'arbre d'attaque du tambour. Se rendant compte qu'une avarie venait de se produire dans cette partie du treuil, le machiniste fit agir le frein électro-magnétique, lâcha la pédale du frein normalement serrée et manœuvra le volant du frein à vis (agissant sur le tambour). Pendant qu'il effectuait successivement ces trois opérations, il aperçut l'extrémité droite de l'arbre d'attaque se soulever brusquement et le tambour prendre une vitesse de plus en plus grande.

Malgré toute son action sur le volant du frein à vis, le machiniste ne put enrayer de façon appréciable le mouvement du tambour, le câble se déroula complètement, fut arraché du tambour et tomba dans le puits. En même temps, la cage était venue buter sur le plancher de la recette de l'étage 200 et avait défoncé ce plancher. Toutefois le câble ayant pris du mou à la suite de ce choc, le parachute put fonctionner et la cage s'arrêta peu après. Les quatre ouvriers avaient malheureusement déjà été tués lors du choc violent de la cage sur le plancher, ainsi qu'il en est résulté des constatations médicales faites sur les cadavres.

En ce qui concerne le treuil, les deux chapeaux des coussinets de l'arbre d'attaque du tambour, avaient été arrachés ; cet arbre d'attaque était sorti de ses coussinets et déplacé de telle sorte qu'il n'assurait plus la liaison entre le tambour et l'arbre intermédiaire."

Les quatre victimes étaient :
- David Joseph, 26 ans, surveillant
- Moreau Ernest, 48 ans, ouvrier
- Moreau François, 35 ans, ouvrier
- Guillerm Jean, 20 ans, ouvrier

Sainte Barbe patronne des mineurs

RÉSULTATS DE L'ANNÉE 1922		
Production de minerai d'antimoine	:	2 200,00 t
Production de quartz aurifère	:	133,34 t
Or extrait	:	227,20 t
Solde créditeur de l'exercice	:	334 195,42 F

1923

Le ralentissement progressif de la production chinoise provoque une amélioration des cours de l'antimoine.

MINE

La production habituelle des minerais sulfurés d'antimoine est toujours assurée par les abattages dans le filon Wilson en même temps qu'une petite production de quartz aurifère.

Les travaux de recherche et de développement se poursuivent activement dans la partie aval du filon Wilson. Des abattages sont en cours dans la branche F' particulièrement riche en quartz aurifère. Dans sa meilleure partie, le filon de quartz atteint 1,00 m de puissance avec une teneur moyenne en or de 40 g/t.

Le relevage du niveau 200 du filon Georges se poursuit activement pour aller exploiter une branche de ce filon dite Branche du Plan Incliné. Cette branche donne lieu à des abattages rémunérateurs en amont du niveau 200 tout comme ceux entrepris dans la Branche du Toit du filon Georges.

Il semble cependant que la puissance des formations, tant pour l'antimoine que pour l'or, se restreint avec la profondeur.

Le puits Auxiliaire a été réparé tandis que le puits Georges en très mauvais état a été remblayé.

Les travaux du puits Minot sont suspendus depuis le mois de décembre.

Effectifs mine au mois de novembre

Fond	31
Jour	6
Divers	12
Total	49

USINE

L'usine d'antimoine fonctionne dans de bonnes conditions avec les minerais français et algériens.

L'usine de Barcelone a été cédée à une compagnie espagnole dans laquelle la Société des Mines de La Lucette possède des intérêts.

RÉSULTATS DE L'ANNÉE 1923

Production de minerai d'antimoine	:	1 600 t
Production de quartz aurifère	:	2 100 t
Or extrait	:	37,3 kg
Solde créditeur de l'exercice	:	513 875,41 F

Pesée des wagonnets de minerai à la laverie du puits Minot

1924

Les cours de l'antimoine restent élevés et le bon approvisionnement en minerai permet à la société de profiter de cette amélioration économique.

RÉSULTATS DE L'ANNÉE 1924		
Production de minerai d'antimoine	:	2 500 t
Production de quartz aurifère	:	1 105 t à 14 g/t
Or extrait	:	40,6 kg
Solde créditeur de l'exercice	:	1 901 099,45 F

MINE

La production du filon Wilson est en très forte diminution, tandis que des abattages ont repris dans les filons C et n° 2.

Les travaux dans les filons F et F' ont été arrêtés au mois d'avril, la minéralisation ayant disparu.

Devant l'épuisement des sources d'approvisionnement en minerai, tant en France qu'en Algérie, la société poursuit les recherches et ses prises de participations dans d'autres sociétés (Société des Mines de Cho Don, constituée en novembre 1924 pour la mise en valeur de gisements de zinc au Tonkin).

Le puits Minot

1925

La hausse persistante des cours de l'antimoine donne des résultats particulièrement favorables pour l'exercice 1925.

Au début du mois de janvier, des orages accompagnés de pluies violentes occasionnèrent d'importants dégâts sur le carreau de la mine. Au fond les travaux du puits de recherche entrepris au niveau 200 ont été considérablement gênés par les venues d'eau, habituellement de 600 litres à l'heure elles sont passées à plus de 1000 litres à l'heure.

MINE

L'exploitation du filon Wilson s'achemine progressivement vers son épuisement. L'abattage de certaines parties 2 et C fournissent encore quelques tonnes de stibine et de quartz aurifère. Dans le filon Georges, la Branche du Plan Incliné est exploitée au niveau 200, le filon de stibine varie de 10 à 15 cm de puissance et le quartz aurifère n'est que de 5 à 10 cm.

Au mois de septembre, le filon Z a été recoupé et tracé aux niveaux 46 et 70. Il se présente comme un filonnet à peine exploitable analogue au filon 2 avec une épaisseur de stibine de 5 cm et de 3 cm de quartz aurifère.

En décembre, un nouveau filon Y a été découvert au niveau 70, il se compose de 10 cm de stibine et 5 cm de quartz aurifère.

Salaires journaliers des employés

FOND	
Mineurs	18 à 26 F
Boiseurs	18 F
Aides boiseur	16 F
Remblayeurs	16 F
Rouleurs	12 à 15 F
Machinistes	16 F
JOUR	
Machinistes	15 F
Forgerons	15 F
Rouleurs	9 à 12,50 F
Scheidage (hommes)	14,50 F
Triage (femmes)	4,50 à 8 F
Enfants <18 ans	4,50 à 9 F

RÉSULTATS DE L'ANNÉE 1925

Production de minerai d'antimoine	:	2 100 t
Production de quartz aurifère	:	400 t
Or extrait	:	25,9 kg
Solde créditeur de l'exercice	:	3 080 446,16 F

Préparation des bois de mine pour les travaux du fond

1926

MINE

La production est assurée par les chantiers d'abattage des niveaux 130 et 150 du filon Wilson qui continuent de produire de la stibine et du quartz aurifère, par le filon Georges Branche du Plan Incliné, niveau 200 ainsi que par ceux du filon Z dépilé entre les niveaux 33 et 70.

Les travaux dans les filons n° 2 et Y sont arrêtés.

Effectifs mine au mois d'avril

Fond	54
Jour	58
Total	112

USINE

Un atelier de fabrication de soufre doré est mis en œuvre selon le procédé de Monsieur Souviron.

Le soufre doré d'antimoine est utilisé dans la vulcanisation du caoutchouc, il apporte sa couleur rouge et favorise son vieillissement.
Le soufre doré est obtenu par décomposition à l'acide sulfurique du sulfoantimoniate de soude obtenu en dissolvant le sulfure d'antimoine naturel (stibine) dans le polysulfure de sodium. Il est constitué par un mélange de tri et de pentasulfure d'antimoine en proportions variables suivant les conditions de fabrication. La qualité la plus courante de soufre doré renferme 15 à 20 % de soufre libre et 40 à 50 % de sulfate de chaux.

RÉSULTATS DE L'ANNÉE 1926

Production de minerai d'antimoine	:	1 300 t
Production de quartz aurifère	:	800 t
Or extrait	:	28,3 kg
Solde créditeur de l'exercice	:	3 161 655,99 F

Atelier de fabrication du soufre doré

1927

Le marché de l'antimoine quoique moins actif qu'en 1926 est resté cependant satisfaisant.

MINE

Quelques nouvelles réserves de minerai ont été découvertes entre les niveaux 150 et 175 du filon Wilson, il s'agit principalement de quartz aurifère, tandis que la production de minerai d'antimoine se maintient.

Des traçages et abattages ont été effectués dans le filon Z aux niveaux 79 et 90.

Dans le filon Georges, le déblayage du plan incliné est entrepris pour recouper la Branche du Plan Incliné aux niveaux 230 et 245. Deux travers-bancs ont recoupé ce filon. Les puissances en stibine et quartz aurifère sont de l'ordre de 10 et 20 cm et vont en s'améliorant.

Effectifs mine

Fond	43
Jour	68
Total	111

RÉSULTATS DE L'ANNÉE 1927

Production de minerai d'antimoine	:	1 600 t
Production de quartz aurifère	:	1 300 t
Or extrait	:	32,3 kg
Solde créditeur de l'exercice	:	3 146 589,60 F

A gauche le puits Minot,
à droite le puits Sainte Barbe

1928

Le marché de l'antimoine est devenu moins actif et les cours sont à nouveau orientés à la baisse de 17 % par rapport à l'année précédente.

Sur le marché des soufres dorés d'antimoine la concurrence est très vive et les prix restent peu rémunérateurs.

MINE

L'exploitation de la mine se poursuit dans des conditions satisfaisantes et les travaux de reconnaissance effectués ont permis de laisser en vue, fin 1928, un tonnage de minerai égal à celui de la fin de l'année précédente.

Le filon Wilson fournit toujours la plus grosse partie de la production de minerai tandis que les travaux de relevage du plan incliné se poursuivent jusqu'au niveau 260 pour permettre la reconnaissance du filon Georges Branche du Plan Incliné en profondeur.

Effectifs mine

Fond	36
Jour	9
Laverie	43
Moulins	5
Total	93

Autres gisements

Pour parer à l'épuisement prochain de la mine, la société poursuit sa politique de recherche de gisements capables d'alimenter les usines.

Des travaux ont été entrepris sur le gisement des Biards près de Saint-Yrieix-la-Perche (Haute-Vienne).

Des recherches positives ont été effectuées à la mine du Kheneg proche d'Ain-Kerma en Algérie. La mine de plomb de Koudiat Safra en Tunisie a été équipée d'une flottation et mise en exploitation.

RÉSULTATS DE L'ANNÉE 1928

Production de minerai d'antimoine	:	1 900 t
Production de quartz aurifère	:	1 210 t à 18 g/t
Or extrait	:	41,5 kg
Solde créditeur de l'exercice	:	2 328 918,50 F

Groupe de mineurs devant la maison du garde

1929

1929 restera dans les mémoires une année dramatique pour la Société des Mines de La Lucette. Dans un premier temps, le 13 janvier, disparaissait des suites d'une maladie Monsieur De Challonge, Directeur Général de la Société. Quelques jours après, le 23 janvier, un incendie se déclarait au fond de la mine, provoquant la mort du directeur, Monsieur Douxami, d'un ingénieur, Monsieur Bideau et d'un maître mineur, Monsieur Maltret.

A ces drames s'ajoutèrent des conditions économiques difficiles liées à la baisse des cours de l'antimoine (10 % par rapport à 1928) et à la hausse des salaires, de 1 à 6 F selon les catégories. Tous ces événements ont influencé défavorablement les résultats financiers de la Société.

MINE

Les travaux de reconnaissance se poursuivent mais n'ont toujours pas mis en évidence de nouvelles réserves de minerai, justifiant une fois de plus la crainte d'un épuisement prochain du gisement.

Pour reconnaître la région ouest du puits Minot, il a été décidé en février de creuser un travers-banc à partir du filon Henri, niveau 46. Quelques minéralisations ont été rencontrées mais sans intérêt économique.

La production de minerai est assurée par les abattages du filon Wilson, niveau 150 et par les traçages dans le filon Georges Branche du Plan Incliné.

Au mois de mai, un nouveau directeur, Monsieur Phily, a été nommé en remplacement de Monsieur Douxami mort dans l'accident du 23 janvier.

Effectifs mine et laverie

201

Autres gisements

- Les travaux de recherche entrepris sur la concession des Biards (Haute-Vienne) donnent de bons résultats, mettant en vue un tonnage important de minerai.

- En Algérie et Tunisie, les travaux se poursuivent à la mine de Kheneg et de Koudiat Safra.

INCENDIE DANS LA MINE

Ce récit est emprunté au témoignage de Monsieur Rulhmann, publié dans un rapport inédit de juillet 1977. En poste à la mine du Genest de 1923 à 1934 comme chef comptable, Monsieur Rulhmann fut non seulement le témoin oculaire des événements relatés mais aussi un acteur essentiel du sauvetage. On peut considérer ce témoignage exempt d'exagérations ou d'extrapolations fréquentes dans certains récits de catastrophes.

"Cela s'est passé dans la nuit du lundi 21 au mardi 22, un incendie s'était déclaré au fond, après le départ, à 22 heures, des deux derniers ouvriers en service. Leur rôle consistait uniquement à surveiller le fonctionnement d'une pompe de dénoyage, afin de maintenir l'eau à un niveau inférieur de 3 ou 4 mètres à celui des galeries en exploitation. Cette pompe était fixée dans le puits même où circulait l'air nécessaire à l'aération des travaux de fond. Ce courant d'air s'établissait tout naturellement par les galeries reliant le puits Portier au puits Minot éloigné de 150 mètres environ. Mais, alors que la température dans les galeries était plus que supportable, quelle que soit la saison, celle du puits était fraîche. Pour se protéger de l'humidité et du froid qui régnait dans le puits, les deux ouvriers précités allumaient un feu dans un brasero alimenté avec les déchets de bois utilisé pour étayer les galeries. Mais ce bois, entassé à même le sol, était souvent trop mouillé pour permettre le réallumage, chaque matin, à la reprise du travail. Aussi un tas plus petit, composé uniquement de copeaux, était maintenu au sec à proximité du brasero. Chaque soir avant de quitter leur service à 22 heures, les deux surveillants de la pompe versaient de l'eau sur le feu pour l'éteindre et, quand ils le croyaient éteint, jetaient les morceaux carbonisés (comme une sorte de charbon de bois) afin de s'en servir le lendemain matin. Jusqu'ici, il ne s'était jamais rien produit de fâcheux. Mais ce soir du 21, les cendres ne devaient pas être suffisamment éteintes. Le courant d'air les raviva. Le feu se déclara d'abord dans le petit tas de copeaux puis gagna le tas de gros morceaux. Le mardi matin à 7 heures, lorsque les mineurs se présentèrent au travail, une importante fumée s'élevait du puits.

Je me trouvais dans le bureau du directeur, Monsieur Douxami, lorsque vers 9 heures du matin, en remontant de la mine le visage noirci par la fumée, l'ingénieur du fond, Monsieur Bideau, est venu informer qu'il y avait le feu dans la mine. Avant même qu'il ait eu le temps de lui expliquer les conditions qui l'avaient provoqué, j'entendrai toujours l'éclat de rire de Monsieur Douxami suivi de son exclamation : "le feu, Bideau ? le feu dans une mine métallique qui suinte d'eau partout et exige un pompage de près de 24 heures par jour pour maintenir l'eau en-dessous du niveau de travail ? Ce n'est pas possible !". C'était pourtant la réalité et, explications données, alors que

Monsieur Bideau retournait auprès du puits, Monsieur Douxami s'équipait à son tour et rejoignait l'ingénieur du fond un quart d'heure plus tard.

Accompagnés du maître mineur, Monsieur Maltret, tous trois se rendirent le plus près possible des lieux mêmes où avait éclaté l'incendie. La première mesure prise par Monsieur Bideau, qui fut approuvée par le directeur, avait été de fermer le puits au niveau - 200 au moyen de madriers recouverts de bâches. Ceci, afin de supprimer, à partir de cet étage, le courant d'air qui attisait le feu et menaçait de le développer dangereusement. Comme ce travail avait été exécuté très tôt le matin, son premier effet se faisait déjà sentir car la fumée avait déjà fortement diminué. Ils purent ainsi se rendre compte que le feu était à peu près circonscrit. Vers 13 heures, leur inspection achevée, ils remontèrent à la surface à peu près rassurés quant aux suites possibles de l'incendie.

Je devais revoir Monsieur Douxami vers 14 heures. Il me dit à ce moment qu'il n'avait pas l'intention de redescendre dans l'après-midi afin de se consacrer uniquement au rapport qu'il comptait envoyer le soir même à Paris. Mais, vers 15 heures, un incident le fit changer d'avis.

Dans mon bureau, contigu au sien, se trouvaient les deux ouvriers dont la coupable négligence avait provoqué le sinistre. Ils protestaient contre le renvoi immédiat qui avait été décidé à leur encontre. Le ton monta. L'ayant entendu, Monsieur Douxami entra dans mon bureau et pris part à l'algarade. Après quoi, l'énervement aidant, son tempérament impulsif le fit revenir sur son intention primitive et il repartit vers la mine, après s'être rééquipé.

Là, une coïncidence malheureuse fit qu'à l'instant où il arrivait au puits, la cloche du fond sonnait pour qu'on envoya la cage au fond pour remonter messieurs Bideau et Maltret qui étaient redescendus pour une dernière inspection. Celle-ci terminée, ils s'apprêtaient à regagner la surface. Au lieu de les attendre à la sortie du puits, Monsieur Douxami emprunta donc la cage pour descendre à leur rencontre.

Supposons un instant qu'il les eut attendus au jour, il n'eut certainement pas exigé d'eux, dont la fatigue devait marquer le visage après tant d'heures d'un effort incessant, qu'ils redescendent avec lui. Lui-même calmé, n'aurait pas songé à retourner sur les lieux déjà visités le matin. Il se serait contenté de leur compte-rendu de la situation. Le drame qui allait suivre eut été évité.

Ils repartirent donc tous les trois dans la galerie où le feu avait pris naissance. La fumée avait alors complètement disparu. La visibilité était redevenue normale. Mis en confiance, ils ne songèrent pas à la présence de l'oxyde de carbone qui devait leur coûter la vie. Une heure après, le machiniste du treuil ne les voyant pas remonter, donna l'alerte en prévenant d'abord l'ingénieur de la fonderie et le chef mécanicien. C'est ce dernier qui m'avertit à son tour.

Immédiatement, une équipe bénévole de mineurs, sous la direction de l'ingénieur de la fonderie, Monsieur Couvreur, s'organisa pour tenter de sauver ceux qu'on savait alors en grand danger. Incommodés par l'atmosphère, sans masque, ils ne purent parvenir à proximité des corps.

Le récit du sauvetage est relaté dans les lignes du Courrier du Maine paru le dimanche 7 janvier :

"La première tentative de sauvetage : risquant leur vie, les premiers sauveteurs accourent, ils atteignent bientôt la première victime, Monsieur Maltret qui leur demande d'aller chercher du secours. Pendant quelques instants ils tirent le corps du maître mineur, mais ils ne peuvent le dégager et à leur tour doivent fuir.

Remontés, ils donnent ensuite l'alarme et messieurs Couvreur, ingénieur et Rulhmann, chef comptable, organisent les secours. Ils seront aidés dans cette tâche par Monsieur Ricou, maire du Genest, qui, prévenu, s'est aussitôt rendu à la mine. Par téléphone on demande à Laval et à Rennes des masques de sécurité. Monsieur Gosson, capitaine des pompiers de Laval, se rend aussitôt à La Lucette avec trois de ses hommes.

Sur le carreau de la mine : parmi les personnes présentes, citons Monsieur Lafargue, Préfet de la Mayenne, accompagné de Monsieur Rigade, son Chef de Cabinet, Monsieur Ricou, Maire du Genest, Monsieur l'abbé Maurice, Vicaire du Genest, le docteur Jamaux, Monsieur Nicolet, Commandant de Gendarmerie, Monsieur le Capitaine Dieulengard, Monsieur Panis, Inspecteur du Service des Mines.

Les secours : ils sont organisés par Monsieur Couvreur, qui durant toute la nuit fera preuve d'un grand dévouement ; Monsieur Rulhmann qui risquera sa vie pour sauver son directeur ; Monsieur Guèdes, chef d'entretien ; les mineurs Le Bourvellec, David, Jan, Roland, Dessier, Philippot, les pompiers Beucher et Dapremont, descendent et vont tenter l'impossible pour sauver les disparus. Quelques instants plus tard, Monsieur Panis se joindra à eux...

... Tandis que les mineurs se dévouent sous terre, on prépare en haut les brancards. Le docteur Jamaux organise dans un atelier son matériel médical. L'attente est longue et lugubre. Parfois la cloche sonne et l'on fait remonter la benne. A son arrivée on se précipite, mais les hommes qui reviennent pour chercher du matériel de secours ne cachent pas leur désespoir. Une fois encore la cloche d'alarme se fait entendre, et dans la benne qui remonte on voit un corps inanimé... Est-ce une des victimes ? Non, c'est le corps de Monsieur Rulhmann, qui, a demi asphyxié, est aussitôt l'objet de soins énergiques. Il revient bientôt à lui et, après avoir reçu une piqûre, il est transporté chez lui sur un brancard. Courageusement Monsieur Rulhmann s'était avancé dans la galerie. Surpris par les gaz, il était tombé sur le dos, et pour le ramener à eux, ses compagnons durent le traîner à l'aide d'une corde d'une longueur de 40 mètres.

Photos réalisées le 8 février 1929 après dénoyage du travers-banc 260. Cette galerie datait de 1910, époque à laquelle le filon Georges était activement exploité. Elle fut envahie par les eaux en 1914 et dénoyée en 1922.

Recette 260 du puits Portier, on aperçoit les traces de l'incendie à deux mètres seulement du puits, notamment à gauche sur un pied-droit fortement calciné sur toute sa hauteur

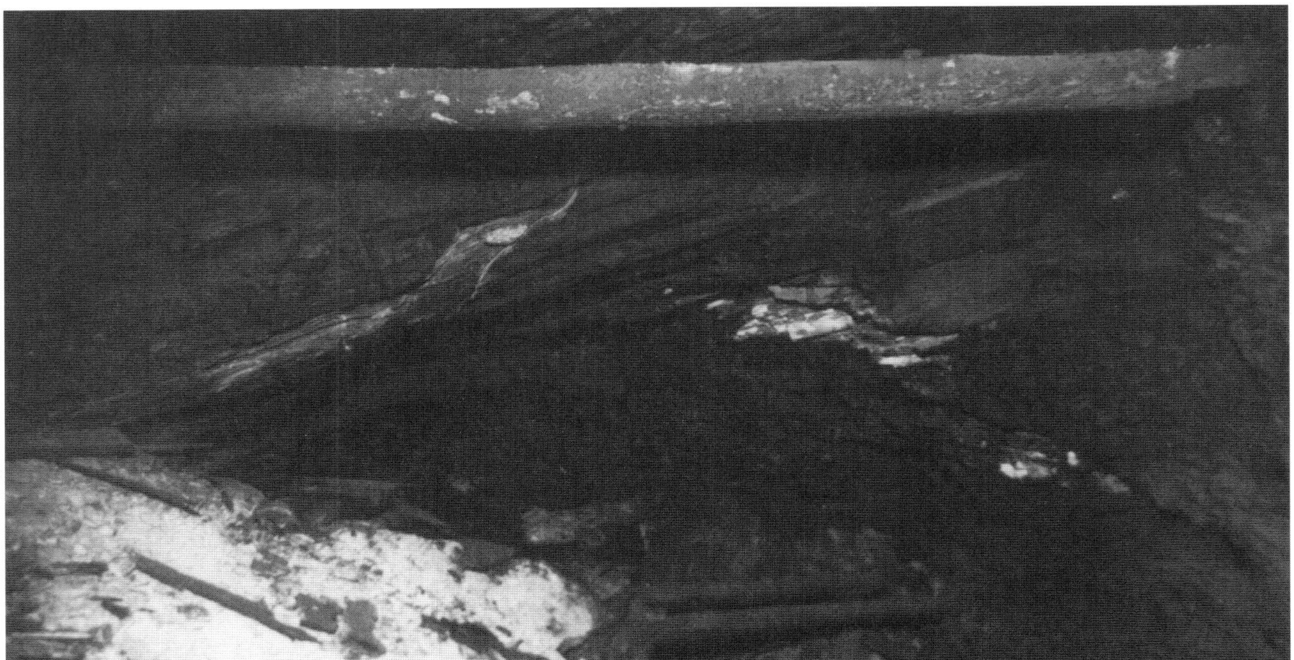

Vue prise de la recette du puits. Cette photo met en évidence le vide qui existait au-dessus des cadres dont plusieurs, bien que fortement atteints par le feu n'ont pas bougé. Seuls les remblais qui se trouvaient derrière les parements ont glissé dans la galerie au fur et à mesure que les planches se consumaient

A ce moment arrivent sur le carreau Mesdames Couvreur et Guèdes. Les malheureuses sont en larmes. Elles craignent qu'on leur cache la vérité, et pour les rassurer, il faut faire remonter leurs maris qui n'hésiteront pas plus tard à encore redescendre.

Il est bientôt 10 heures, on constate que tout espoir doit être perdu. Les premiers masques apportés de Laval sont inutilisables, il en est de même d'un appareil apporté de Rennes, mais qui ne comporte que 50 mètres de tuyau quand il en faudrait 200.

Malgré cela les sauveteurs ne veulent pas s'avouer impuissants. Vers une heure du matin, une nouvelle équipe redescend. Elle comporte Messieurs Panis, Couvreur, Guèdes et trois mineurs. Monsieur Panis, qui avance le premier peut atteindre le corps de Monsieur Maltret et même le dépasser. Mais il doit reculer et tout à coup il s'affaisse, on le remonte en hâte et il doit recevoir les soins nécessités par un commencement d'asphyxie. Monsieur Lejeune, Inspecteur régional des mines, arrive à ce moment de Nantes. Lui aussi ne peut que constater l'inutilité des secours."

En plus des personnes déjà citées dans les textes précédents, il convient de mentionner la part active prise dans les tentatives de sauvetage par Messieurs Moreau, Haye, Bourdoiseau, Vettier père et fils, Chatenay, Baudoux, Lemercier, Eluère, Peslier, Coulon. (Liste établie par l'Ingénieur du Service des Mines).

La suite est à nouveau empruntée au rapport de Monsieur Rulhmann :

"Le lendemain, Monsieur Portier, informé aussitôt, fit appel à une équipe de sauveteurs des Mines de Lens, entraînés spécialement pour ce genre d'opération et munis d'appareils respiratoires.

Arrivés à Laval au train de minuit dans la nuit du 23 au 24 janvier, après un repas léger pris au Genest, l'équipe dirigée par Monsieur Fenzy gagna le puits Portier et deux heures après, le dernier corps était remonté. La nuit était très froide et pluvieuse et une foule nombreuse se pressait malgré tout sur le carreau de la mine dans une attente douloureuse et insupportable.

L'émotion de beaucoup était d'autant plus forte que deux des victimes, Monsieur Douxami et Monsieur Maltret étaient très connus et estimés, tant au Genest que dans les environs. Monsieur Douxami était originaire de Laval où son père vivait encore. Il avait fait toutes ses études au lycée de cette ville jusqu'à son départ pour la faculté de Lyon. Il devait revenir au Genest une première fois de 1906 à 1913 comme chef de fabrication, puis la seconde en 1919 comme Directeur du Centre.

Monsieur Maltret était issu d'une famille de mineurs d'origine bretonne. Père de trois enfants en très bas âge, il avait succédé à son père, décédé, en tant que chef-mineur.

Monsieur Bideau, lui, était moins connu. Ancien élève de l'Ecole des Mines d'Alès, il n'était en poste comme Ingénieur de la mine que depuis trois mois, après avoir dirigé la mine de Kerdevot. Son cas était très émouvant parce qu'il était marié depuis cinq à six mois.

Les funérailles eurent lieu le samedi 26 janvier dans la petite église du Genest, où se pressait toute la foule des parents et amis. A l'extérieur, la place du village était noire de monde. De nombreuses personnalités y assistaient, le Conseil d'Administration était représenté par Monsieur Heyndrickx.

Le travail reprenait le lendemain dans l'exploitation. On avait dû se résoudre à laisser noyer la mine en-dessous du niveau 200 mais les niveaux supérieurs continuèrent d'être exploités. Un peu plus tard, les dégâts réparés, les travaux devaient reprendre sur la totalité du gisement."

Les conclusions qui résultent de l'enquête menée par le Service des Mines sont relativement indulgentes pour les responsables de l'incendie mais accablantes pour le Directeur, Monsieur Douxami :

"... Il convient cependant de faire ressortir, d'une part, que Garnier et Gilles n'allumaient le feu qu'après le poste, quand tous les ouvriers étaient remontés, d'autre part que cette habitude n'avait pas jusque là donné lieu à observation de la part du personnel de direction, soit qu'il ait ignoré cette pratique, soit qu'il l'ait tacitement tolérée, aucune prescription formelle du règlement général sur l'exploitation des mines autres que les mines de combustible n'étant enfreinte en la circonstance.

D'autre part ces imprudences n'ont été la cause directe d'aucun accident, puisque l'évacuation du personnel descendu dans la mine a pu se faire sans accident.

Dans ces conditions les imprudences commises par Garnier et Gilles ne peuvent donner lieu à des poursuites judiciaires et ont reçu la seule sanction qu'elles comportaient du fait que ces deux hommes ont été congédiés.

L'accident relaté a été causé par l'imprudence de Monsieur le Directeur Douxami. Monsieur Douxami avait pris, après l'évacuation du personnel, les mesures utiles pour cesser d'entretenir la combustion du foyer qui aurait de la sorte été maîtrisé, semble-t-il en deux ou trois jours. Mais ces mesures entraînaient comme conséquence absolue l'obligation d'interdire à toute personne non munie d'appareil respiratoire de franchir les barrages qu'on avait disposé, et cela jusqu'à extinction de l'incendie et dissipation des fumées par rétablissement de l'aérage.

C'est d'ailleurs ce que Monsieur Douxami avait décidé et ce dont il avait informé téléphoniquement Monsieur Panis, Ingénieur (TPE Mines) à Laval, moins d'une heure avant l'accident.

On ne s'explique que par une aberration momentanée la fatale et inutile imprudence qu'il a commise en tentant d'aborder le foyer de l'incendie par les voies de retour d'air où s'accumulaient forcément les gaz de la combustion depuis que l'entrée d'air était fermée.

Quoi qu'il en soit, cette imprudence est la cause de l'accident. Monsieur Douxami ayant succombé en même temps qu'il causait la mort de deux de ses collaborateurs, Messieurs Bideau et Maltret, sa mort éteint toute action judiciaire contre l'auteur de cette imprudence."

RÉSULTATS DE L'ANNÉE 1929

Production de minerai d'antimoine	:	1 800 t
Quartz aurifère à 19 g/t	:	682 t
Or extrait	:	31 kg
Solde créditeur de l'exercice	:	491 157,86 F

Point extrême atteint par l'incendie à 24 mètres, vu du côté de l'incendie.

Point extrême atteint par l'incendie vu du côté non incendié. L'un des deux personnages est Monsieur Panis, Ingénieur du Service des Mines. A gauche, entrée de la galerie menant au faux puits 260-300

1930

La baisse des cours de l'antimoine se poursuit, aggravée par un marché très restreint.

■ MINE

Aucun nouveau tonnage de minerai n'a été décelé. Les abattages continuent dans le filon Wilson et le filon Branche du Plan Incliné.

En plus des travaux de recherches souterraines, une prospection électrique de surface a été réalisée par la Compagnie Schlumberger mais les résultats n'ont donné aucune indication encourageante. L'avenir de la mine reste de plus en plus limité.

Effectif mine en fin d'année

178

Autres gisements

- A la mine des Biards en Haute-Vienne, le tonnage à vue a diminué par rapport à l'année précédente. L'irrégularité et la faible épaisseur des filons ne permettent plus une exploitation rémunératrice compte-tenu des cours du minerai. L'abandon de cette exploitation est envisagé.

- A la mine de Koudiat Safra, les travaux ont été suspendus en raison de la chute des cours du plomb.

RÉSULTATS DE L'ANNÉE 1930

Production de minerai d'antimoine	:	1 800 t
Quartz aurifère à 14 g/t	:	741 t
Or extrait	:	32,6 kg
Solde créditeur de l'exercice	:	60 324,23 F

1931

Les cours de l'antimoine sont parvenus cette année à des niveaux inférieurs jamais atteints. La crise économique est générale, les ventes sont très difficiles et les stocks très importants. Néanmoins, en raison de la bonne qualité des produits de la Société des Mines de La Lucette, les marchés du soufre doré et du vermillon d'antimoine se maintiennent malgré une concurrence extrêmement vive.

MINE

La production de minerai est assurée par les traçages et les abattages dans le filon Wilson et le filon Georges Branche du Plan Incliné.

Au mois de février, un projet de reprise de travaux dans le filon Georges est établi par Monsieur Phily, Directeur de la mine. D'après les anciens rapports de Messieurs De Challonge (1916) et Sauze, il y aurait intérêt à retourner dans les parties non exploitées du filon principal qui n'ont été reconnues que par des traçages peu nombreux. D'autre part, les branches du filon Georges paraissent avoir de l'intérêt.

En raison d'éboulements nombreux, la reconnaissance des anciens travaux s'avère dangereuse et un nouveau projet permettant cette exploration à partir du filon Wilson est mis au point.

Les recherches entreprises dans la région ouest du puits Minot à partir du niveau 46 ont été interrompues au mois de juillet.

Une descenderie a été attaquée dans la partie nord du filon Wilson à partir du niveau 150 pour reconnaître l'aval pendage de ce filon. Les travaux ont suivi deux filonnets d'une épaisseur totale de 25 cm composés de minerai n° 2 et de quartz très riches (100, 180, 250 et 140 g/t).

Les travaux de recherche dans les filons Wilson et Georges ont décelé quelques réserves dont le tonnage reste cependant très inférieur à celui du minerai extrait cette année. Elles permettront cependant d'assurer la production de l'année 1932.

Effectifs mine et laverie

154

Autres gisements

- A la mine des Biards, le travail est abandonné.
- A la mine de Koudia Safra, le travail a été arrêté.
- Les travaux de recherche se poursuivent avec de bons résultats à la mine du Kheneg.

RÉSULTATS DE L'ANNÉE 1931		
Production de minerai d'antimoine	:	1 800 t
Production de quartz aurifère	:	865 t
Or extrait	:	48,7 kg
Solde créditeur de l'exercice	:	413 949 F

Le puits Minot vers 1928

Extraits du règlement pour les ouvriers

Art. 2 : Le prix payé à l'ouvrier lui est indiqué au moment de l'embauchage. Par le fait même de son entrée sur le chantier, l'ouvrier accepte ce prix et renonce à toute réclamation ultérieure à ce sujet.

Art. 5 : A titre de renseignement, il est indiqué qu'à la mine le temps de présence au chantier varie de neuf à onze heures.

Art. 6 : A l'extérieur la journée normale est de 10 heures de travail effectif.

Art. 7 : Le commencement et la cessation du travail sont signalés par la cloche et le sifflet de la sirène. La durée du travail doit être effective. Les ouvriers doivent être prêts à embaucher à la cloche et se mettre au travail immédiatement. Ils ne doivent pas débaucher avant la cloche et par conséquent ils ne doivent se préparer à partir qu'après la cloche.

Art. 9 : A l'usine et au moulin les ouvriers sont divisés en 2 postes, le poste de jour qui va de 6 heures du matin à 6 heures du soir ; le poste de nuit, qui va de 6 heures du soir à 6 heures du matin. Les ouvriers assurent le service suivant les besoins et les ordres du chef de fabrication et des surveillants.

Art. 10 : Le repos hebdomadaire est obligatoire pour tout le monde. En principe il doit être pris le dimanche. Des consignes spéciales indiqueront dans chaque service les repos que doivent prendre les hommes qui se trouvent dans l'obligation de travailler le dimanche.

Art. 11 : Pour l'exécution des travaux et l'observation des règlements, les ouvriers doivent obéir aux employés, surveillants ou gardes assermentés, à qui ils doivent en toute circonstance un respect absolu.
Les ouvriers ne doivent pas se donner d'ordre les uns aux autres.

Art. 13 : Les ouvriers doivent s'assurer, au jour le jour, que leur temps est régulièrement noté et réclamer dans le délai de 48 heures. Lorsqu'il y a erreur, passé ce délai, il pourra ne pas être tenu compte des réclamations.

Art. 15 : Les provisions de bouche dont les ouvriers pourraient avoir besoin leur seront apportées à l'usine par des personnes désignées à cet effet.

Art. 16 : L'introduction de l'alcool sur le chantier est en tous cas interdite.

Art. 17 : Les entrées et sorties prévues par le règlement doivent se faire par la porte située sur le chemin du Genest, près de la maison du garde.

Art. 18 : Les contraventions au règlement, les actes d'indiscipline, les absences injustifiées pour ivresse ou autre, les malfaçons et autres méfaits dont les ouvriers peuvent se rendre coupables peuvent donner lieu à de simples réprimandes, à des amendes, au renvoi différé ou immédiat suivant les cas. La sanction à appliquer ne relève que du chef de service. Quand il y a amende, le montant est versé à la caisse de secours.

Art. 19 : Des lieux d'aisance suffisants sont installés et tout ouvrier qui sera pris à satisfaire un besoin, même à uriner, en dehors des cabinets sera puni. Des lieux séparés sont réservés aux femmes.

Art. 20 : Aucun ouvrier ne peut s'absenter sans autorisation de son chef de service ou du directeur à qui on ne doit s'adresser qu'en l'absence du chef de service.
En cas de maladie, l'ouvrier, sauf cas subit, doit avertir suffisamment à temps pour qu'il puisse être remplacé.
Au cas où le médecin appelé ne reconnaîtrait pas l'ouvrier malade, cet acte de mauvaise foi serait sévèrement puni.
Toute absence irrégulière sera punie d'une amende au moins. Si les absences se produisent dans les 3 jours qui suivent la paie ou les acomptes, elles sont plus sévèrement punies.

Art. 22 : Les outils remis aux ouvriers leur seront facturés, ils auront à les payer s'ils ne peuvent les représenter. Quand un outil est usé il faut le présenter pour le remplacer. Tout ouvrier qui prendrai les outils d'un camarade serait sévèrement puni.

Art. 25 : Il a été constaté, malheureusement, que beaucoup d'outils et objets divers disparaissaient du chantier. Tous les employés sont chargés de la police du chantier, nous dirons plus, tous les ouvriers doivent désirer ne pas être confondus avec les voleurs. Le Directeur prévient qu'il se montrerait sans pitié contre les délinquants et qu'il déférerait aux tribunaux tout individu convaincu de vol.

Art. 26 : Aucun étranger ne peut circuler seul sur une partie quelconque du carreau. Aucun ouvrier ne peut à aucun moment circuler ou stationner sur le carreau si ce n'est pour son service.

Art. 27 : Pendant les repos comme pendant le travail il est interdit aux ouvriers d'un chantier quelconque d'aller sur les autres chantiers ; les ouvriers doivent rester sur les chantiers où ils travaillent ; s'ils en sortent ce ne peut être que pour aller à l'extérieur et ils ne doivent passer que sur les chemins tracés.

Art. 28 : Les chemins ne sont que des passages sur lesquels il est interdit de stationner.

Art. 29 : Pour les objets à enlever du carreau, les autorisations verbales ne suffisent pas. Aucun objet, même un morceau de bois ne peut être sorti du carreau de la mine, pour quelque cause que ce soit, sans un bon visé par le Directeur. Les sorties ne peuvent avoir lieu que le samedi.

Art. 30 : Tout ouvrier en état d'ivresse sera renvoyé du chantier temporairement ou définitivement.

Art. 31 : Tout ouvrier blessé même légèrement, doit immédiatement avertir son chef de service. Tout blessé qui ne se sera pas conformé à cet ordre ne pourra se faire soigner aux frais de la Société qui décline toute responsabilité tant pour les soins que pour les complications qui pourraient survenir par défaut de soins.

Art. 32 : Tous les ouvriers sont affiliés à la caisse de secours dès leur embauchage.

Art. 33 : Toutes les fautes contre le règlement commises par des ouvriers doivent être immédiatement signalées au chef de service ou au Directeur par l'employé qui les constate.

Art. 35 : Les punitions avec les motifs seront affichées pendant une semaine au moins.

Art. 36 : Toutes les réclamations doivent être faites individuellement et personnellement par l'ouvrier et sous forme polie, par conséquent, aucune réclamation collective ne pourra être admise.

Art. 39 : La paie a lieu une fois par mois le premier samedi qui suit le 3.

1932

La chute des cours de l'antimoine et la crise économique persistent. Devant la situation de plus en plus difficile et par décision du Conseil d'Administration, une baisse de 10 % est appliquée sur les salaires des employés de la société à partir du 1er janvier.

MINE

L'exploitation se poursuit normalement, des travaux d'abattage dans le filon Branche du Plan Incliné sont entrepris, ceux du filon Wilson se poursuivent aux niveaux 150 et 165.

Au mois de février, il a été décidé de prolonger le travers-banc ouest du niveau 200 (recherche analogue à celle du niveau 46 entreprise en 1929). Ces travaux ont été arrêtés dans les schistes soixante-quatre mètres plus loin.

Les travaux d'exploration par descenderie de l'aval pendage de Wilson nord n'ont rien donné, ils ont été mis à profit pour opérer une jonction avec les anciens travaux du filon Georges.

Avant l'abandon définitif, d'ultimes recherches sont lancées, les ingénieurs se raccrochent au moindre espoir comme en témoigne cet extrait du registre d'avancement des travaux de décembre 1932 :

> *"Niveau 110. Nous avons commencé un travers-banc qui reconnaîtra la région comprise entre le toit du filon Wilson et le mur du filon Georges. Cette région a déjà été reconnue par plusieurs travers-bancs, mais on peut très bien concevoir l'existence d'une formation qui aurait échappé aux précédentes recherches".*

Les travaux de recherche n'ayant décelé aucune réserve, l'arrêt des travaux de la mine est prévu dans le courant de l'année 1933.

Effectifs mine et laverie

148

Autres gisements

Les travaux de la mine du Kheneg se poursuivent toujours avec des résultats favorables.

USINE

Malgré les difficultés économiques, les ateliers de fabrication du régule et de l'oxyde continuent de fonctionner dans de bonnes conditions. Un nouvel atelier pour la fabrication d'un oxyde extra-fin extra-blanc a été installé.

RÉSULTATS DE L'ANNÉE 1932

Production de minerai d'antimoine	:	1 700 t
Production de quartz aurifère à 31 g/t	:	941 t
Or extrait	:	46,7 kg
Solde débiteur de l'exercice	:	28 437,18 F

L'ancienne usine, les écuries et la maison de régie en 1929

1933

Les cours de l'antimoine restent très bas mais la qualité des produits de la Société permet à celle-ci de lutter avec efficacité contre la concurrence étrangère.

MINE

Les recherches entreprises au niveau 110 entre le filon Wilson et le filon Georges ont recoupé l'aval pendage du filon Sainte-Barbe, très irrégulier, mais qui comprend quelques parties exploitables. Des travaux ont également été attaqués dans le filon F' au niveau 220.

L'exploitation des chantiers d'abattage se poursuit dans les filons Wilson et Branche du Plan Incliné. Certains chantiers de Wilson Nord 175 et 2e Branche du Mur 175 produisent du quartz particulièrement riche dont les teneurs en or dépassent fréquemment les 300 voire 500 g/t.

L'exploitation s'est donc développée normalement et grâce aux découvertes heureuses des recherches, les réserves ont pu être augmentées permettant de retarder de quelques mois la fermeture de la mine.

Effectif mine et laverie

155

USINE

La production de la mine du Kheneg contribue à assurer une partie de l'approvisionnement en minerai de l'usine.

Le nouvel atelier de fabrication d'oxyde extra-fin extra-blanc installé en 1932 donne entière satisfaction.

RÉSULTATS DE L'ANNÉE 1934

Production de minerai d'antimoine	:	700 t
Production de quartz aurifère	:	800 t
Or extrait	:	30,4 kg
Solde créditeur de l'exercice	:	10 421,49 F

Les vestiges du puits Sainte Barbe (1930 environ)

1934

L'année 1934 voit l'arrêt définitif de la mine du Genest qui fut à l'origine de la fondation de la Société des Mines de La Lucette.

RÉSULTATS DE L'ANNÉE 1934		
Production de minerai d'antimoine	:	700 t
Production de quartz aurifère	:	800 t
Or extrait	:	30,4 kg
Solde créditeur de l'exercice	:	10 421,49 F

MINE

Les travaux de recherches entrepris sur l'aval pendage du filon Sainte Barbe ont échoué. Les derniers travaux d'abattage dans les filons Wilson et 2e Branche du Mur 175 se sont terminés au mois de juin.

Les mois de juillet et août ont été consacrés à l'extraction des derniers stocks de minerai et au démantèlement du matériel avant la fermeture de la mine qui a eut lieu à la fin du mois d'août.

Malgré d'importantes dépenses consacrées à d'ultimes recherches (électriques, magnétiques, baguette de sourcier…) il n'y eut aucune découverte permettant de repousser la fermeture de la mine pressentie depuis près de cinq ans.

USINE

Après la fermeture de la mine, l'usine du Genest a continué de fonctionner grâce aux minerais extraits de la mine du Kheneg à laquelle s'ajoute la production de la société filiale des mines d'Ain-Kerma.

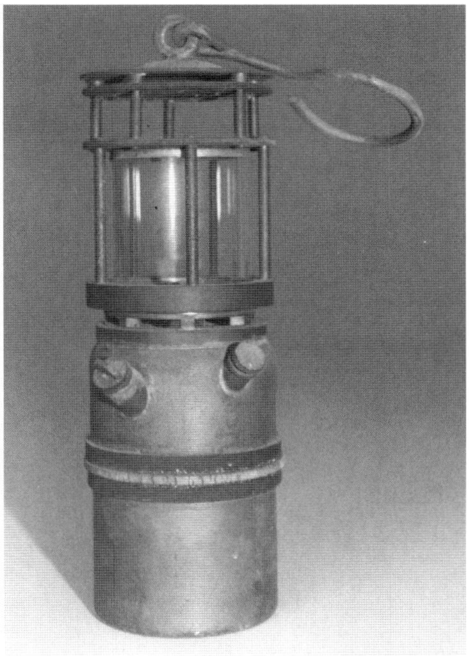

Lampe de mineur à acétylène utilisée aux mines de La Lucette

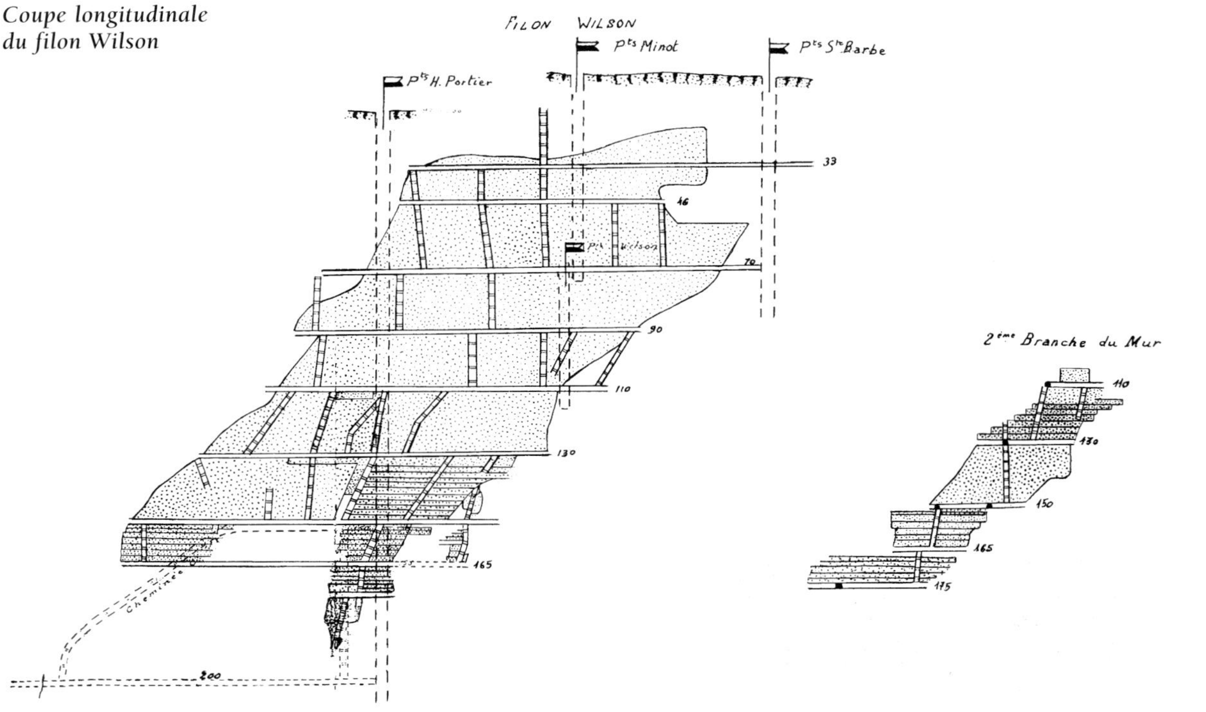

Coupe longitudinale du filon Wilson

PRODUCTION MINIÈRE DE 1899 À 1913

DATE	MINERAI BRUT N°3 (tonnes) Filon Georges	MINERAI BRUT N°3 (tonnes) Ensemble du gisement	MINERAI N°1 + N°2 (tonnes)	QUARTZ AURIFÈRE (tonnes)	OR VENDU (kg)
1899	–	2 226	?	–	–
1900	4 230	4 230	?	–	–
1901	11 819	11 819	3 526	–	–
1902	14 545	14 545	4 423	–	–
1903	14 766	14 766	5 862	–	–
1904	10 139	10 139	3 608	?	–
1905	12 000	12 000	4 300*	?	89
1906	28 753	28 753	6 500*	?	224
1907	43 140	45 118	9 486	10 130	421
1908	50 017	49 516	9 659	12 543	812
1909	53 076	52 690	11 786	11 583	819
1910	65 135	65 395	10 620	18 819	777
1911	59 681	60 533	9 459	19 729	708
1912	47 062	47 062	3 680	15 772	839
1913	28 836	28 837	3 184	10 841	427
Total	**443 199**	**447 629**	**86 093**	**99 417**	**5 116**

* estimation

DE 1915 À 1934

DATE	MINERAI N°3 (tonnes)	MINERAI N°2 + N°3 (tonnes)	QUARTZ AURIFÈRE (tonnes)	OR EXTRAIT (kg)
1915	–	–	–	–
1916	7 844	695	–	–
1917	15 930	1 608	–	–
1918	42 064	2 632	566	
1919	13 456	2 695	789	
1920	12 157	3 021	914	36,1
1921		3 900	600	36,6
1922		2 200	500	27,2
1923		1 600	2 100	37,3
1924		2 500	1 100	40,6
1925		2 100	400	25,9
1926		1 300	800	28,3
1927		1 600	1 300	32,3
1928		1 900	1 200	41,5
1929	9 537	1 800	682	31,0
1930	9 668	1 800	741	32,6
1931	11 580	856	864	48,7
1932	12 416	1 700	941	46,7
1933	9 910	1 100	1 200	52,8
1934		700	800	30,4
Total période 1915-1934		**35 607**	**15 497**	**548,0**
Total période 1899-1934		**121 700**	**114 914**	

Teneur moyenne des minerais extraits entre 1920 et 1934 : (chiffres du Service des Mines)
- Minerais d'antimoine : 34 % de stibine
- Quartz aurifère : 18 g d'or par tonne
- Total minerai et quartz : 23 % de stibine, 13 g d'or par tonne

PRODUCTION TOTALE D'OR VENDU DE 1904 À 1934 : 8 700 KG

Les chiffres exacts de production d'or sont difficiles à déterminer année par année car la société des Mines de La Lucette ne produisait pas elle-même ses lingots. L'or se présentait sous différentes formes dans les minerais et dans les résidus de traitement.

Dans ce chiffre de 8 700 kg sont compris

- l'or extrait au Genest (tourteaux des moulins à or),
- l'or vendu dans les concentrés des moulins or,
- l'or contenu dans les quartz aurifères vendus à des usines de traitement d'autres sociétés,
- l'or contenu dans les scories et résidus de traitement des minerais d'antimoine vendus aux usines de traitement d'autres sociétés.

Or et stibine sur quartz
4 x 6 cm
Collection Mines de La Lucette

Coulée des scories en poche

La Société des Mines de La Lucette à l'aube de son centenaire

L'histoire de cette belle aventure minière appelle une suite...

- D'abord pour répondre à la question que posent régulièrement ceux qui ont connaissance de cette longue histoire et qui sont de plus en plus nombreux à manifester un intérêt pour l'histoire industrielle de notre pays : Qu'est devenue la société après la fermeture de la mine du Genest St-Isle ?

- Ensuite pour montrer comment, une fois le gisement originel épuisé, une société minière française a su s'adapter et continuer à compter au rang des industriels de référence dans l'antimoine.

Près de 100 ans après l'ouverture de la mine du Genest et plus de 60 ans après sa fermeture, la société existe toujours et donne toutes les apparences d'une grande continuité :

- son activité est toujours centrée sur l'antimoine et ses dérivés,
- ses installations industrielles sont toujours situées sur le site originel et pour une bonne part encore dans les locaux de la "nouvelle" usine de 1908,
- si elle a modifié en 1985 sa raison sociale de 1904 (Sté Nouvelle des Mines de La Lucette) en Mines de La Lucette, cela tient essentiellement à ce qu'il était devenu difficile d'expliquer sans une laborieuse référence au passé, à des clients notamment étrangers, la raison d'être de l'adjectif "nouvelle",
- elle est toujours cotée en Bourse même si, la Compagnie Internationale de Développement Minier, détenue par des capitaux koweitis et le BRGM, en est devenue l'actionnaire majoritaire en 1990,
- elle n'a quitté qu'en 1994 le 4 rue de Rome (Paris, 8e) qu'elle occupait depuis 1905 pour transférer son siège social à quelques centaines de mètres seulement : 30 rue d'Astorg, (Paris, 8e).

Cette apparente stabilité dans le temps recouvre cependant des changements réels et profonds :

- Mines de La Lucette n'exploite plus de mine depuis les années 70 et tous ses approvisionnements reposent maintenant sur le marché international des minerais et métaux.
- on retrouve dans ses gammes de produits des dénominations traditionnelles (régule, trisulfure, trioxyde). Par contre, ces gammes, qui se déclinent en une grande variété de nuances, ont été élargies à de nombreux autres produits tels l'antimoniate de soude, les plastriox et les polytriox...

Parallèlement, Mines de La Lucette a largement accru et diversifié son portefeuille de clientèle composé aussi bien de PME très spécialisées que de grands groupes de la chimie industrielle, et travaille pour 60 % à l'exportation. Elle réalise en 1994 avec un effectif de 40 personnes un chiffre d'affaires de 84 MF.

Ainsi tout est pareil et pourtant tout a changé... Comment s'explique cette apparente contradiction ? Quel est le fil conducteur de cette société bientôt centenaire ?

La réponse réside sans doute dans l'exercice de son métier. Mines de La Lucette, depuis sa création, poursuit sans relâche son activité de base en prenant en compte en permanence les évolutions de son environnement, qu'il s'agisse des matières premières, des marchés utilisateurs, des techniques, de la réglementation...

Au-delà d'une présentation lapidaire du type "production-commercialisation d'antimoine et dérivés" le métier de Mines de La Lucette recouvre en pratique : des savoir-faire et des compétences permettant la maîtrise industrielle de l'ensemble des étapes qui, à partir d'une matière première naturelle hétérogène et en respectant l'environnement, mettent à la disposition des clients de manière économique et fiable, des produits à base d'antimoine adaptés à leurs besoins.

Le souci constant d'assurer la continuité de son métier s'est affirmé à chaque niveau de son activité : Mines de La Lucette a eu en permanence le souci de se ménager des sources d'approvisionnement fiables en matières premières antimonieuses.

Dans un premier temps, en tant que propriétaire des mines qu'elle exploitait : ce fut le cas, bien sûr, de la mine du Genest Saint-Isle mais aussi en France de celles de Nades (Allier), de Kerdevot (Finistère), du Colombier (Puy-de-Dôme), des Biards (Haute-Vienne), en Algérie de celles de Aïn Kerma, du Kheneg et de Nador, en Tunisie de Haminmate et au Maroc espagnol de Beni Mezala.

La transition a eu lieu dans les années 60 avec l'accession à l'indépendance de l'Algérie et la prise en compte des difficultés à opérer des mines à l'étranger. Dans le même temps, le développement des échanges rendait possible un recours généralisé au marché international des minerais.

Depuis les années 70, Mines de La Lucette s'approvisionne sur ce marché caractérisé par des fluctuations périodiques et brutales de cours auxquelles elle n'échappait d'ailleurs pas en tant qu'exploitant minier ; la dernière, en 1994, a vu le cours du métal d'antimoine multiplié par plus de 3 en 9 mois.

Mines de La Lucette a ainsi tissé peu à peu un

"Coulée" de polytriox

Grenailles TAF
après séchage

Nouvelle usine,
charpente d'époque (1908)

réseau de contacts essentiels avec les différents opérateurs pour tirer le meilleur parti de sources d'approvisionnement très variées : Chine, Bolivie, Pérou, Afrique du Sud, Australie, Maroc, Canada, Turquie, Thaïlande, Russie.

La grande hétérogénéité des matières premières et les impuretés qu'on peut y trouver (arsenic, plomb, sélénium, bismuth...) supposent une souplesse et une capacité d'adaptation maximum. Mines de La Lucette y pourvoit en diversifiant ses sources et en améliorant sans cesse sur le site du Genest Saint-Isle l'outil métallurgique et chimique et le savoir-faire de ses équipes.

Il a fallu aussi parer aux évolutions de ce marché. Sous la pression des chinois qui détiennent les ressources les plus importantes du monde, un grand nombre de producteurs ont disparu depuis le milieu des années 80. Dans le même temps, les minerais et concentrés sont devenus plus rares : les exploitants miniers préfèrent retenir chez eux une partie de la valeur ajoutée en élaborant eux-mêmes le métal d'antimoine. Celui-ci est maintenant devenu l'essentiel de la matière première accessible sur le marché international. Ce déplacement de l'offre, du concentré au métal, a été conduit de manière rapide par les producteurs chinois entre 1987 et 1993.

A l'autre bout de la filière, les besoins du client, destinataire des principes actifs antimonieux, ont été de plus en plus étroitement pris en compte.

L'évolution, dans ce domaine aussi, a été permanente avec une tendance à l'accélération. Les usages de l'antimoine n'ont plus grand chose de commun avec ce qu'ils étaient dans le passé : dans les alliages comme durcisseur (dont le schrapnell de sinistre mémoire) ou comme anti-friction (paliers pour axes en rotation), agent vulcanisant des caoutchoucs, opacifiant pour peintures et émaux (batteries de cuisine, plaques émaillées...), et même dans des usages pharmaceutiques (laxatif) et cosmétiques (kôhl des orientaux).

Les usages modernes maintiennent l'utilisation des qualités de durcisseur dans le plomb des batteries mais privilégient surtout le trioxyde d'antimoine et ses capacités réactives en synergie avec les halogènes dans les "réactions anti-feu". Cette qualité trouve sa pleine application dans les polymères. La multiplication des usages des matières plastiques associée au renforcement des réglementations touchant à la sécurité incendie va entraîner l'essor rapide des systèmes ignifugeants à base d'antimoine.

Depuis les années 70, Mines de La Lucette a résolument pris ce virage. Les applications de l'antimoine tournées vers l'ignifugation ont été très largement développées. Les productions plus traditionnelles représentent maintenant une part décroissante de son activité.

Ses produits qui relèvent de plus en plus de la chimie de spécialité doivent satisfaire à des spécifications exigeantes qui impliquent inventivité dans la conception, maîtrise des paramètres de production et rigueur des contrôles.

Les adéquations nécessaires sont assurées par un laboratoire équipé d'outils très modernes qui réalise les analyses et le contrôle de production, met au point les formulations des mélanges-maîtres et conduit une recherche permanente sur les caractéristiques physico-chimiques des produits antimonieux et sur l'ignifugation des matières plastiques. Cette démarche a permis en particulier la mise au point de variétés nouvelles de trioxydes d'antimoine très fins et très blancs dotés d'une morphologie cristalline particulière.

Mines de La Lucette dispose d'une panoplie d'outils variés et adaptés à la demande et à l'évolution des techniques :
- un atelier de traitement des minerais et concentrés qu'elle maintient afin de conserver un maximum de souplesse dans ses approvisionnements ;
- un atelier de production de trisulfure pulvérisé ;
- un atelier de production de trioxyde en poudre, qui en raison de l'importance du produit fait l'objet d'un effort permanent de développement pour en améliorer les performances et les potentialités ;
- un atelier de préparation des poudres à base de trioxyde et de produits chimiques afin d'assurer des présentations conformes aux utilisations développées par la clientèle ;
- un atelier de compoundage qui élabore des mélanges-maîtres plastiques ignifugés prêts à l'emploi.

Depuis le début 1994, la Société est certifiée ISO 9002 pour l'ensemble de ses activités. Le système qualité a largement renforcé son efficacité et sa capacité d'adaptation aux évolutions rapides du marché.

"Essai du fil incandescent", tenue au feu des matières plastiques destinées au matériel électrique

L'avenir enfin… Au cours de cette même année 1994, Mines de La Lucette a pris une décision d'importance confortant sa vocation dans le domaine des additifs ignifugeants : elle s'est associée au groupe australien Queensland Metals Corporation Ltd (QMC), en vue de mettre au point un nouveau système ignifugeant fondé sur l'hydroxyde de magnésium. Ce produit présente le triple avantage d'être parfaitement neutre chimiquement, utilisable sans halogènes et suppresseur de fumées.

A l'aube de son centenaire, Mines de La Lucette aura ainsi franchi une étape décisive de son évolution marquant une rupture par rapport à sa monoculture "antimoine" traditionnelle. Elle abordera le marché des additifs ignifugeants à la fois prometteur et en perpétuelle évolution avec deux atouts déterminants :

- la maîtrise de deux systèmes efficaces (l'un fondé sur l'antimoine de ses origines, l'autre sur le magnésium qui préfigure l'avenir),
- la possibilité de satisfaire aux exigences croissantes en matière d'environnement.

Tout est pareil mais tout a changé

Coulée du métal en poche

Magasin produits finis

Echantillothèque du contrôle qualité

Ligne de compoundage Polytriox

Séchage des grenailles TAF

BIBLIOGRAPHIE

BELLANGER E., 1921. Le filon Georges des Mines de La Lucette. Annales des Mines, tome XII.

BODIN J.M., 1995. La mine de La Lucette, 1898-1995. Bull. AGMFO.

DOUXAMI H., 1907. Les minerais de La Lucette près du Genest (Mayenne), Société Géologique du Nord, Lille.

GEFFROY J., 1980-1981. De l'antimoine à l'or : La Lucette. Monde et Minéraux, N° 39 et 40.

GUIOLLARD P.-C., 1988. Mines d'or, petite histoire des grandes mines d'or françaises.

MICHEL L., 1904. Sur les mines d'or de La Lucette (Mayenne), Bulletin de la Société Française de Minéralogie, tome 27.

RULHMANN A., 1977. La Lucette de l'origine à 1934. Société Nouvelle des Mines de La Lucette (inédit).

SERMENT R., 1978. La mine d'antimoine et d'or de La Lucette (Mayenne). Chronique de la Recherche Minière, N° 442.

CRÉDIT PHOTOGRAPHIQUE

Cartes postales anciennes :
Collections BIGNON, GUIOLLARD et LERAY.

Documents photographiques anciens :
Archives de la Société Mines de La Lucette

Photographies actuelles et échantillons minéralogiques :
Pierre-Christian GUIOLLARD

CRÉDIT DOCUMENTAIRE

Archives Départementales de la Mayenne.

Direction Régionale de l'Industrie et de la Recherche (DRIRE) de Nantes - Archives du Service des Mines

Société Mines de La Lucette
- archives
- rapports des Assemblées Générales annuelles

REMERCIEMENTS

La réalisation de ce livre a été rendue possible grâce à la bienveillance des responsables de la Société Mines de La Lucette qui ont bien voulu autoriser la consultation des archives et m'accorder un peu de leur temps pour faciliter mes recherches.

A MM. Yves HOREL, Président-Directeur Général de la Société Mines de La Lucette
Jean-Roger GUILLO, Directeur de l'usine du Genest

au personnel administratif et technique rencontré à l'usine du Genest et au siège social à Paris, pour son accueil sympathique et sa disponibilité.

Remerciements particuliers à :

MM. JANVIER, Maire du Genest
JAY, ancien Directeur de l'usine du Genest
LEPAIS, dessinateur
LEPEUCH, minéralogiste
SERMENT, Géologue de l'Ecole des Mines de Paris

TABLE DES MATIÈRES

OUVRAGES
DÉJA PUBLIÉS PAR L'AUTEUR

– En Cévennes quand tournaient les molettes (épuisé)

– Mines d'or, petite histoire des grandes mines d'or françaises (épuisé)

– Les chevalements des houillères françaises

– Belles-fleurs de Belgique (album photo consacré aux chevalements des houillères belges)

– La mine d'or du Châtelet (Creuse)

– Les mines d'or du District de Saint-Yrieix-la-Perche (Haute-Vienne)

– Les mines d'or et d'argent de Rouez (Sarthe)

– Guide pratique du chercheur d'or en France

Achevé d'Imprimer
le 10 juin 1995
sur les Presses de l'Imprimerie J.-C. Bihet
64320 Bizanos

Réalisation : Danièle Bihet

Éditeur :
Pierre-Christian GUIOLLARD
F - 64410 FICHOUS
59 81 66 39

Dépôt Légal : 2ème trimestre 1995
N° ISBN 2-9502503-8-6